Orange Money

橙
橙實文化有限公司
CHENG -SHI Publishing Co., Ltd
Orange Money

只要5步驟，
小資族也能

提早實現財務自由

運用「ASSET」方程式
致富的練習課

作者 張Ceci
Podcast「女孩向錢進$」主持人

ASSET
璀璨生活
財富自由
方程式

從百萬卡債到 38 歲財富自由 隨心所欲

張 Ceci
璀璨生活 SPL 財富自由教練
計畫 主持人

我 38 歲達到財務自由，算一算，當時的資產總額是我過去工作 15 年所有薪水總和的 3 倍，相當於從我開始工作到 38 歲，那段時間所有的日常生活花費都是免費的。很多人抱以羨慕的眼光，其實你也可以做到，而且越早開始越容易達到！

我希望多年以後，你不會因為錢而對自己的人生感到遺憾，這也就是我在今天寫這本書分享的原因。我很幸運，很早就了解到理財的重要性，而且願意面對自己的財務，找出適合我的投資理財方法，得以在我 38 歲感到職業倦怠的時候可以提早退休。

我發現身邊許多朋友們，或年輕、或年長，或有理財投資經驗、或沒有，對於提早面對管理自己的財務，仍然是不知如何開始或修正。其實，有許多我認識多年的金融從業人員，包括證券公司的營業員，到基金公司的主管，私募基金的 CFO，私下也都有來找我討論這個問題。他們專精於替公司管理財務，但卻不知道如何管理自己的財務，而且也不好意思去請教別人。所以希望你讀完這本書後，可以幫助你了解**理財是你人生中非常重要的事，幫助你願意面對並可以開始採取一些簡單的步驟，繪出你自己的財富藍圖，來實現你未來想要的財務自由。**

從一開始的目標設定思考，如何量身訂做適合你自己的財務計畫，以及如何做好理財投資的前置作業與準備工作，到了解你的投資選擇與各種產品。雖然坊間理財書眾多，但大多談論特定的方法，少數談及基本理財的規劃。希望我可以在你讀完此書後影響到你，讓你做出一些新的選擇，選擇踏出那勇敢的一步，從最基本的一步做起，並一步一步的去努力，找到適合你的方式，以幫助你實現財務自由！

感謝出版社的邀約，讓我有機會分享我的經驗和心得，來幫助有興趣的人找到他們的財富自由之路，更要謝謝你用寶貴的時間來讀這本書。我曾經初入社會就只知道花錢，頭兩年就欠了超過約快百萬台幣的卡債，我也曾經在 3 天內就在股票市場上損失了超過千萬台幣。今天我可以在這裡分享的唯一原因，是因為在過去的 20 年中我試了很多不同的方法，犯了很多錯誤，所以我想和你們分享我的所有學習和錯誤經驗，誰沒有犯過錯誤呢？重要的是我所學到的經驗對我和你來說，都是非常寶貴的資源。

我希望我的使命是可以影響更多人，及早替自己想要的願景做財務上的準備。美國最傑出的商業哲學家，成功學之父、成功學創始人吉米・羅恩說「Don't let your learning lead to knowledge. Let your learning lead to action! 」「不要讓你的學習只是變成知識的累積，要讓你的學習變成行動！」如果學習只是為了賣弄，花那麼多時間和精力學習，也許意義並不大，但學習是為了讓我們變得更好，而不只是知識的累積。有辦法將知識化為行動，才真的有辦法實現讓我們可以得更好的目的。

讀完這本書，希望你願意走出你的舒適圈，做你們通常不會做的事情。畢竟一直用同樣的方法卻想達到不同的結果，是比較困難的。因此，你必須勇敢地走出你的舒適圈，嘗試不同的方法，以獲得不同的結果。

我希望你能快速的做出決定，知道自己接下來要做些什麼。如果你的心已經知道該做些什麼，但你的身體確卻還在猶豫要不要行動，這樣只是浪費時間。生命中最遙遠的距離是，你的心已經做出決定和你真正採取行動之間的距離。來做些改變你生命的事情吧！哪怕只是一小步！

財富自由的關鍵，在於落實計畫、有效率的執行！

我跟張 Ceci 認識已經超過 10 年的時間。10 多年來，看著她從原本高壓、幾乎一週飛 2 至 3 次的日子，到現在半退休，每天運動健身、常常可以出國旅遊，還有能力可以貢獻在理財教育上，覺得很佩服她；我心裡也常暗暗希望，有一天張 Ceci 能出書分享她的理財之道。現在很高興看到她的書順利問世，也希望可以藉此幫助更多人，提早達到財富自由。

財富自由的重點並不是賺夠錢後，就可以什麼都不做、懶在家裡。而是當我們擁有足夠的財富，並藉投資產生足夠的現金流以支應生活時，我們就有機會擁有更多的選擇，不論是在事業上或生活上都是如此。

在我過去的工作中，因為工作性質的關係，遇過很多不論是在年齡到了、屆退時能存到理想中的退休金、或是能提早存夠錢退休的人，他們往往都有一個共同點，就是有很強的紀律。張 Ceci 針對這一點在書中也有闡述。投資理財靠的不是突然買對一檔飆股、然後暴賺好幾倍退休。那樣的機率就如同買樂透一樣，對多數人來說，都是可遇不可求。

對一般人來說，更可行的是透過一個簡單、可行的計畫，持之以恆的實踐。就如同張 Ceci 在書中所說的，評估現況、設定目標、訂定計畫、建立正確心態，最後就是有效率的執行。

我想這 5 個步驟中，最重要的就是最後一步、有效率的執行。我曾遇過一個住在台南的受訪者。他不是公務員、沒有月退俸。我遇見他時，他正努力存退休金。他的方法是投資某個種類的基金、並持之以恆。即使碰到市況不佳時，他在充分收集資訊後，仍決定照他原本的計畫做下去。現在，他已經順利退休，過著無虞的生活。我想他能成功，最重要的因素就是他的決心。

在多數人的生活中，我們都會遇見太多會讓我們「分心」的事，例如：市場狀況不佳而令我們心生恐慌、看到想買的東西就想：「一個月沒存錢沒關係吧？」這些事情往往都挑戰我們的執行能力。說到底，能不能存夠錢、達到財富自由的關鍵，就如同人生許多其他事情一樣，考驗的都是我們的決心和紀律。或許不是每個人都能時時如此堅決，所以常常看看別人成功的故事，可以讓我們心生怠惰的時候，振奮起來，繼續往既定的道路走。也願這本書，能扮演讓每位讀者振奮的角色。最後，祝福每位閱讀此書的人，都能早日達到財富自由、金錢無虞。

《康健雜誌》副總編輯 & 《Smart 智富》月刊前主筆 賀先蕙

理財規劃 —— 大處著眼小處著手的實例分享

日前，許久未見的 Cecilia 張來訪，提及過去五年來的重點工作，3 年前再次退休，透過一對一（One On One）的教學上課，分享其多年累積的個人投資理財的實戰經驗—38 歲即可享有「財富自由」的日子。

Cecilia 在 Bloomberg 彭博資訊台灣負責業務工作 13 年後，先行休息 (第一次退休) 一陣，再參與佳士德拍賣工作，兩年的職涯歷練…，想起本人服務的「財團法人台北金融研究發展基金會」在 2009 年之際，透過其協助，得以順利與彭博合作提供海外基金評比—傑出基金金鑽獎，海外基金評比資料提供、運算及相關的參與。互動中不難感受其業務與待人處事的特質是親切與理清方向後，使命必達型的高手，令人印象深刻，且是合作愉快的。

見面提及將出版的新書「我 38 歲環遊世界，享受財富自由人生」盼能以台灣「理財認證理財規劃顧問 (CFP) 」，自 2004 年培訓多年的主事者，及「財團法人台北金融研究發展基金會」近 30 年來參與與理財規劃、金融人才培訓等的多年經驗，為其寫序，共襄盛舉之！

此書，可一氣呵成看完，有如下的感想：

1. 以第一人稱方式，分享其理財的實戰經驗及周遭家人、朋友與實際碰觸的個案，言簡意賅的說明理財的重要性與理財規劃應掌握的重點有哪些。

2. 理財規劃是人人可親自參與，而非僅借助他人：理專、顧問、理財顧問……，因唯有自我最了解自己的實際狀況，勿忽視此一重點。

3. 理財規劃對自己的重要性是愈早開始愈佳，且是可實踐的，是可有方法「早日財富自由」，以利多種選擇不同職涯及不同家庭生活時的重要後盾。勿須把「財富自由」視為遙不可及。

4. 此書不難看出作者，盼以璀璨生活自由教練計畫的簡單步驟，協助認同其理念，另一種分享與實踐。

5. 38 歲即能財務自由，歷經理財多次的起伏，進而理出如何過生活與理財規劃的 Cecilia 定有其過人之處，或可幫讀者多開一扇窗看此重要的課題。

總之，想「財富自由」隨心所欲的讀者，此書應有其參考之處，最後，祝大家早日「財富自由」！

財團法人台北金融研究發展基金會 董事長 周吳添

掌握自己的人生，離財富自由的距離越近，主動與選擇的權力越大

認識 Ceci 是在 2009 年，當時全球正處於金融海嘯後的修整與再出發時期，Ceci 與我某種程度上也處於人生谷底下的修整期。但不同的是 Ceci 當時毫無財務壓力，而我不但在金融海嘯中損失大部分的投資資金，又才剛揹上 20 年的房貸，還有老母親需奉養，財務壓力不可謂不重，唯一慶幸的只有自己的工作收入還可以，並且對投資理財有一定的認知與專業。

10 年來，每次的聚會中，總是聽到 Ceci 提到過去一段時間，她去了哪些國家，或者她正在思考一個投資案等等，當然也分享著人生中的辛苦、挫折…。經常我一面聽、一面想，上天對人是公平的，因為不管有沒有錢，每個人都一定會有喜怒哀樂與煩惱，但是無奈且壓抑的面對或是掌握主動與選擇的權力，常常跟一個人的財務狀況有極大的關係，通常離財富自由的距離越近，主動與選擇的權力越大。

我身邊多數年輕人都想累積財富，但卻對於如何進行感到懵懵懂懂，而已經工作一段時間，或者像我一樣已經五十的人則是擔心起步太晚，無法在法定退休年紀六十五歲時達到財富自由。其實，只要開始永遠不嫌晚！

像我個人雖然平時已有投資理財，但也是在坐四望五之時，才真

正務實地思考與規劃退休生活的財務目標，在科技的幫助下，我進行了以下步驟：

1. 利用記帳 App 設定每月的消費支出，確實的執行並做適度調整，以釐清楚每月的收支與結餘情況。
2. 整理保險並與壽險顧問就長壽與失能等風險，以及個人的需求加以討論，來完整規劃老年的保險保障，將保險保障缺口補足。
3. 下載勞動部 App，清楚了解個人的勞保、勞退兩帳戶的退休金累積情況，並概算出 65 歲退休時每月可以領取的金額。
4. 整理資產與負債，並計算出目前淨資產與退休金目標的缺口，就可以接受的風險與報酬，選定理財工具，設定以 10 年的時間來補足缺口。

未來雖然不可知，但是就像 Ceci 說的，有了一個思考過後的計畫，定期檢視與調整，成功達到目標的機率就可以拉高，這也是我強調只要開始就不嫌晚的理由之一。另一個理由是，經過思考與規劃，可以讓你理性與務實地面對：財富是需要靠時間點點滴滴的累積。一夜致富雖有，但卻不常發生，或就是不會發生在你我身上，認清現實，一步一腳印，10 年後回首，很可能就從有財務壓力的此岸達到財富自由的彼岸。

Ceci 這本書的內容對所有不同背景、不同狀況的讀者都深具意義，看完這本書的你一定要開始採取行動，去尋找適合自己的方法。如果自己學習時，覺得有些問題點真的無法自行解決或突破，那麼花點錢投資自己找對的財富教練來協助自己，是可以考慮的做法，因為現在的一點小錢卻可以讓你通往財富自由的道路上走得更順暢些，CP 值肯定是高的。

Money 錢雜誌副總編輯 張國蓮

目錄

一.如何可以代代相傳財富：正確的財富心態

我父親在他 45 歲從他事業的高峰，看到未來產業的衰退，而決定退休，還養了 5 個小孩，供我們讀到大學，還有的念到碩士。

我 38 歲達到財務自由，從 22 歲開始工作，從小資族到外商小主管，在領人家薪水，賣命工作 15 年後，達到財務自由，我 38 歲的資產是我過往 15 年的所有薪水加起來的三倍！

相當於過去所有的日常生活花費都是免費的！在達成財務自由後，照著我的興趣到處旅行，享受美食，開展我的人生眼界，做我想要的人生嘗試。到底提早達成財務自由的秘密是什麼？

盡早計劃

我當初 26 歲剛結婚的時候，當時對金錢比較有想法的前夫不斷問我，財富累積到什麼程度是可以退休的？我那時候做了一個簡單的計劃，把我的退休設定在我只要資產累積到 100 萬美金以及有房子、車子沒有貸款，或者是等同價值的資產，就是可以考慮退休的時候。還記得當初剛算完非常沮喪，覺得這是個天文數字，和我存摺上的餘額差好幾位數，離目標好遠好遠，怎麼可能達得到？

那時候我就知道要快速的達到我想要的目標資產，光靠薪水累積是不夠的，我必須要學會怎麼投資理財，才能真正達到可以退休的程度。畢竟退休了還是要會靠活化投資現有的資產，茲生出足夠的被動投資收益來支付我的生活支出，才不會一直花用既有的本金，而坐吃山空，這樣嚮往的退休生涯不會持久，可能很快就因為被自己的不安全感，或因為資金已經捉襟見肘，而被迫中斷。

到時候就算想重回職場領薪水賺錢，也不得其門而入，畢竟因為工作資歷已經中斷那麼久了，就算回到職場，也可能會必需被迫接受較不願意做的工作，或是 downgrade（降級）不管是職等或薪水。如果想做個小生意創業，也因為還要再投入一筆資金，也不知道能不能成功，而猶豫不決。為了避免陷入這樣的惡性循環，所以我知道做好計劃和準備是很重要的。

我的老爸在他 45 歲退休，一直是人人稱羨的對象。他是個白手起家的生意人，退伍後，就開始工作當個小職員，從幫人裝潢到之後自己開室內裝潢公司，一路學習累積到後來成立建設和營造公司。謹慎、小心、精明是他個性上的強項，也是成就他事業成功的主因。他在社會和生意上的歷練，讓他深深知道理財的重要性。

但他不知道怎麼教我，我也不是那麼容易就會照別人意思做的人，他只能指引我往他認為適合的方向走，並不斷丟難題給我解決，讓我從中學習。但是每個人都有適合自己需求及習性的理財方法，我必須要理解這件事情，並且找到適合我自己的方式這才是最重要的。

因為我是老大，所以我爸爸對我相當嚴格。我 18 歲的時候，全家移民到加拿大要買房子住，我爸劈頭就要我去銀行談購屋的貸款利率，除此之外什麼都沒說。當時網路才剛起步，不像現在資訊這麼方便，那時候我連貸款利率是什麼都沒頭緒，更完全不知道怎麼跟銀行的人談利率。我只知道去銀行借錢，需要穿得體體面面、漂漂亮亮地，我就像個大人般揚裝鎮定，輕鬆地去銀行問貸款利率，其他的先不多想再看著辦。

另外我也從旁觀察爸爸和他身邊朋友的其它經歷，以及我們一起經歷過的種種，這些的確深深影響我的理財觀念，讓我了解到我必須要自己找到真正適合我的理財方法，才有可能達到真正財務上的自由、心靈上的自由。

養成存錢的習慣

我是個喜歡聽故事的人，尤其喜歡聽年長的長輩說他們過去的往事，在聽他們故事的當下，也能感覺到他們過往的痛與悔恨，有這個感覺就讓我從他們過往的經驗學習而不需要真的親身經歷。我還記得小時候住在新北市三重區的小巷子裡，因為小時候家裡空間不夠，我記得我二妹只好睡在爸媽房間的梳妝台上。還有小時候常常聽阿嬤抱怨三重時常淹水，常淹到快要到屋頂了，他們要爬到屋頂上避難，等洪水退去。阿嬤常說以前沒錢買肉，只要看到水裡有漂來死雞死魚就撿來煮了吃，煮鹹一點殺菌。

先前南部下了歷年來不多見的豪大雨，造成南部市區大淹水，淹到許多人爬上屋頂求救。有人在水裡撈從魚塭裡跑出來的魚；有小孩在水裡戲水。這幾十年來未曾出現的景象又在新聞裡出現，老爸也才又說起這樣的情景跟他們小時候沒有兩樣，經常需要漏夜爬到屋頂上避難好幾天，但唯一的不同是現在就算淹水，水都還算乾淨。他們小時候淹的水大多都是化糞池裡的東西呀……。自己小時候的經歷加上常聽長輩們談論以前沒錢的生活窘境，讓我更能深刻體會到沒錢的辛苦。這也幫助我到在我真正有意識開始理財的時候，提醒我要先有存錢的習慣，不然沒有錢怎麼理呢？

存錢只是理財的開始。常常有人說有錢人很小氣、很吝嗇，這其實是他們知道每一分錢都可以有機會累積成數倍、數十倍，到數以百萬倍的財富，這是沒有理財意識的人永遠沒有想到的事情。如果只有想到專注在當下的擁有，眼前的短暫，而沒有看到自己真正想達成，或對自己真正重要的目標。偏離了你想要的人生方向，這可是會造成很大的遺憾！所以要從設定自己的願景開始。我 26 歲知道設定我的目標，38 歲達成！

認清自己的財務是自己的責任

一開始我也是根本沒想過與錢有關的任何事情，更不用說設定目標了。我不只是渾渾噩噩地過日子，對錢也有過非常荒唐的時候。剛開始工作時，我覺得我父親已經是很成功的生意人了，而我是家中的長女，當然是要被「富養」呀！我相信不少家境不錯的二代或是三代，也都會有這樣的想法。

我父親了解累積信用的重要，很早就要我申請信用卡，不過那時他也有疏忽的地方，就是他一直幫我付信用卡帳單。雖然我父親有要我還他錢，但我心裡卻是想著可以拖就拖吧！反正他會都幫我付掉，說不定不會真的跟我要。久而久之，我欠的金額居然也累積了快要百萬元，那時我也才工作一年多而已，出社會沒多久就負債百萬，賺的不但不夠還，而且還越欠越多。我父親覺得這樣下去不行，於是嚴厲的限期要我把所欠的錢全部還清，並且以後自己處理卡費。

現在回想起來，幸運的是還好不是欠銀行，而是欠我父親，不然加上循環利息，所欠的百萬卡費可能超過兩、三倍了呢！從那時候我才知道理財真的是自己的事，有個富爸爸並不能保證你永遠可以擁有財富，財富必須是自己賺來的才會留得住。加上我臉皮薄、脾氣倔，當時覺得面子掃地，從此之後我賭一口氣，要自己搞清楚如何創造自己的財富。

提早認清自己的財務是自己的責任！如果今天你可以把自己的財務管理得有條有理，生活無虞，不僅你不需要一天到晚擔心自己有沒有遺產可以領，長輩們也比較放心把財富留給你。就算今天你幸運地繼承了大筆財富，你也還是要學習如何管理，不然可能很快的便揮霍殆盡。

找出適合自己的理財方法

從那之後，我就專注在讓自己成為富有的人，而不是當一個富有的人的女兒。還好我是天生的好奇寶寶，願意花時間去了解新的事物，也願意在有準備的前提下，去試一試新的投資及不同的理財方法，所以我有機會透過不同的投資工具、各式金融商品（股票、基金、衍生性商品等等）、房地產、商業不動產和生意投資，找出適合我自己的方法來累積我的財富。

很幸運地，在我很年輕的時候就已經知道我必須要靠自己努力，而且學會設立自己的目標，按照計畫去設定階段性目標來達成重要的終極大目標。也因為開始的早，讓我有更多的時間和機會可以跌跌撞撞地摸索，學習適合我自己的理財方式。

感謝我父母潛移默化的身教，以及我生命中一路上願意給我機會磨練的人。我希望今天藉由這個機會與大家分享我的經驗，讓你們更有勇氣去面對自己的理財人生。也希望你們透過我分享的簡單步驟，可以讓你很快的建立成功的理財觀念，設定目標及計畫，並且找到適合你的理財方式，儘快達成你想要的財富自由。

二.「財富自由」為什麼那麼重要？

在討論財富自由為什麼這麼重要之前，應該先讓大家清楚什麼叫做「財富自由」。

財富自由是什麼？

我去演講的時候，我都會問我的聽眾這個問題，「財富自由到底是什麼？」藉以了解每個人心中的財富自由是什麼。有一次面對一群平均年齡大概 26 歲左右的醫療器材公司的員工，做一個理財講座的時候，現場的年輕朋友們七嘴八舌的說，只需要看左邊不需要看右邊，我仔細聽了一下才搞清楚他們說的。原來他們說的是，去餐廳點菜的時候，只需要看菜單的左邊，就是菜名，而不需要看右邊的價錢。年輕朋友們說的真是貼切，點菜的時候可以依照自己的心意，而不需要擔心點的菜太貴。**這表示他們有抓到財富自由的精髓：就是擁有不需要擔心錢的自由**。只是財務自由的好處可以是更遠大的，畢竟每個人的生命歷練不同，或許超乎年輕朋友們的想像。

常常有朋友同事帶著他們的小孩來找我，請我給些意見，因為他們認為我一路書唸得很好，工作也做得很不錯。而我給年輕朋友們的建議是，做什麼都好，要對自己的人生負責。**但更重要的是要花時間學習理財，投資。而不是一輩子只領薪水，那永遠都會不夠用的。**

把下面這個記下來，對你很重要哦！
財富自由如果用算式來表示就是如下：

財務自由：
被動收入＞＝支出

我比較喜歡用這樣的方式表現：

財務自由：
被動收入＞＝支出
可投資資產╳目標收益％＞＝支出

這是為什麼我們一開始就要找出你現在的可投資資產，接下來找出你未來想達成的目標狀況會需要多少的支出，然後就可以計算如以現在的狀況要達到你想要的財務目標，你大概需要多少的時間，並持續做到多少的目標收益率才有可能達成目標。

當你知道你所需要達成的目標收益率，即可幫助你在選擇投資工具及評估投資機會時，心裡有一把較清楚的尺，來衡量你需要冒多少的風險，以得到你想要的報酬率。而不需要只想著我要賺大錢，迷失了如何做出正確的投資決定。真正重要的是，如何持續地達到目標收益率，而不是老想著一次要賺一倍！

什麼是「被動收入」？

被動收入有分廣義的被動收入解釋和美國稅務單位 IRS 的解釋。我們今天談的被動收入是理財應用上廣義的被動收入，而不是美國稅務單位 IRS 報稅上技術性的解釋。

被動收入是你的主動收入之外的收入。主動收入就是你朝九晚五工作的收入，或你自己經營公司，作生意的收入。那被動收入就不是完全以時間精力去換取的報酬，例如：房租收入、投資獲利收益（也稱資本利得）、股票、債券或基金的配息、存款利息、退休金的每月或一次性的返還，版權收入等等。被動收入是你不需要一直用時間，體力去換取金錢的回報。你可以做一些開始的努力，然後這個努力就會持續的茲生出收入。

既然財富自由的狀態就是每個人的被動收入穩定並可以大於或等於每個人的支出（所有的生活開銷），那了解每個人想要的目標生活支出狀況就很重要了。你到底需要茲生多少被動收入才可以滿足你想要的理想生活狀態的支出，這是每個人都需要提早想一下。越早想清楚，越能提早安排計劃達成！

財富自由當然與複利的力量有關，然而複利的力量與三個要素息息相關，第一為本金、第二為時間、第三為成長的利率。舉例來說，以 100 萬元與 1,000 萬元每年 3% 的利率成長，然後每年的成長再投入下一年累積，共累積 10 年，10 年後原來投入 100 萬元的人可領回 100 萬元的本金加上 34.4 萬元的增值收入。相對的，原來投入 1,000 萬元的人可領回 1,000 萬元的本金加上 345 萬元的增值收入。345 萬元的增值收入絕對遠大於 34.4 萬元，可見在相同的投資時間，以同樣的利率增長，投入的本金越大，增值收入的絕對值越大。想辦法讓自己的本金透過存錢、薪資增長、減少支出，來持續的累積。本金累積得越大，累積報酬絕對值的速度就越快！

本金	時間	成長的利率	到期領回金額
100 萬	10 年	3%	100 萬＋ 34.4 萬
1000 萬	10 年	3%	1000 萬＋ 345 萬

投入 1,000 萬元以每年 3% 的利率成長，每年的成長再投入下一年累積，兩人各自累積 5 年和 10 年，5 年後原來投入 1,000 萬元的人可領回 1,000 萬元的本金加上 159 萬元的增值收入；10 年後領回的人，可領回 1,000 萬元的本金加上 344 萬元的增值收入。由此可見，相同的投資本金以同樣的利率增長，投入的時間越長，增值收入的絕對值越大。人生有幾個 10 年？所以越早開始投資，讓自己的可投資期限可以更長。

本金	時間	成長的利率	到期領回金額
1000 萬	5 年	3%	100 萬＋ 159 萬
1000 萬	10 年	3%	1000 萬＋ 344 萬

兩人各自投入 1,000 萬元，並各以每年 5% 及 7% 的利率成長，每年的成長再投入下一年累積，兩人各自累積 10 年，10 年後以每年 5%

利率成長的人可領回 1,000 萬元的本金，加上 629 萬元的增值收入；而每年以 7% 利率成長的人可領回 1,000 萬元的本金，加上 962 萬元的增值收入。能持續以 7% 增長的人，10 年幾乎可以翻倍成長，而持續以 5% 增長的人，10 年持續成長也不過是原來本金的 1.5 倍。

本金	時間	成長的利率	到期領回金額
1000 萬	10 年	5%	100 萬＋ 629 萬
1000 萬	10 年	7%	1000 萬＋ 962 萬

所以財富自由要靠持續累積投資本金，持續做到目標年化成長率，堅持長時間的投資行為，缺一不可。

財富自由的好處

既然知道財富自由是什麼，那財富自由的好處是什麼呢？為什麼大家都想要達到財富自由呢？讓我稍微分享一下我感覺到的財富自由的好處吧！及我的學員們和身旁朋友們的故事，讓大家有更深刻的體會。

實際上的身體健康

第一次決定退休，我當時 38 歲。歷經 2007 年不愉快的離婚，埋首工作十餘年，其實我向來有睡眠的問題，離婚後更是厲害，常常每晚只有辦法闔眼兩三個小時的狀況。再加上長年負責公司的業務，工作壓力和體力、腦力的消耗都非常大。我的抵抗力變的超弱的，大概一個月當中有三個星期都在感冒，還常需要看中醫、整脊、網球肘復健等等，朋友們都笑我賺錢都直接送給了醫生。

現在的我，每週大約有四天會跑步或快走一個小時，現在不像以前那麼怕冷，生病的次數也少多了。最近更找了健身教練指導做重量訓練，因為我常腰痠背痛，常扭到閃到，雖然知道有些肌肉需要鍛鍊、姿勢需要矯正，才能避免使用不當受傷，但一直沒有時間可以讓自己做這件事，最近剛好我媽媽也了解適當運動及鍛鍊肌肉的重要性，我們結伴一起鍛鍊肌耐力。財富自由就是讓你有更多的時間去維護自己的健康。

選擇做對你最有意義的工作

在工作的最後幾年，自知我並沒有很大的野心，對自己留在現任公司往上爬的意願也不高，工作對我來說一直不難，久而久之，我覺得自己非常需要一些新的刺激與學習，來釐清自己未來的方向。所以我到香港讀了世界排名第一的美國西北大學與香港科技大學共同舉辦的 EMBA，Kelloge-HKUST。

原本公司有意願幫我出學費，但我知道如果由公司付學費的話，我就必須確定接下來的幾年要留在公司工作，所以我推辭了公司的好意，自己付了超過百萬港幣的學費。因為畢竟我也不知道接下來會有什麼樣的機緣產生，而且尤其是錢的方面，我不喜歡佔人家的便宜。

進修後的生活加倍忙碌，除了原本例行的出差，加上異地上課，還有另外幾個學分要在其他世界各地的姐妹校完成。所以我白天上班，夜晚還要和散佈在世界各地的小組組員討論、寫報告、作 project，忙得不亦樂乎。將近一年半的時間，我每個月大概只有一個晚上是在我自己的床上睡覺。

在我進修超過一半的時候，大概是 Entrepreneurship（創業學）的教授這堂課教得太好了，讓我們這一屆有好一部分的同學都熱血沸騰的想要創業，我也不例外。原本預計與幾位同學一同創立公司，只是後來並沒有成功，但那個籌劃的過程對我來說，是非常有趣的學習經驗。當時如果我沒有達到財務自由，或者當時財務上沒有那麼寬裕的話，創業對我來說或許只是遙不可及的夢想而已。財務自由讓我有機會可以想要經歷更多不同的經驗，並且可以付諸實行，不會因為只能依賴別人或投資者的錢而沒辦法開始創造夢想。

心靈上的健康

我工作到 2013 那一年，長期身心都覺得非常疲累，甚至累到我對工作和生活的熱情都消磨殆盡。連熱愛美食和旅行的我，都對這些事提不起興趣來。當時的我甚是迷惘，覺得自己被困住了，怎麼掙扎都沒有喘息的空間。不知道自己是怎麼了，能有什麼選擇，一直覺得相當困惑。

然後在每個月例行整理自己的財務當中，我知道我已經達到財務自由，不需要勉強為錢工作，所以決定選擇退休，好好休息，並想辦法找回我對生活的熱情。當時這對我來說是一大解脫，從不知道自己想要做什麼，又覺得這樣下去不是辦法，幸好長久以來我一直有理財投資的習慣，才有機會提早達到財富自由，才有可能在自己最需要的時候給自己一個喘息、整理、沉澱的機會，去想清楚自己到底要的是什麼樣的人生，怎麼樣會活得比較快樂。不是每個人都有這個機會，給自己一個轉機，因為大多數人都是汲汲營營於每天的生活，而沒有撥出多餘的心力去想到這些真正重要的事。

像我，感到徬徨、迷失、困惑等等，自己給自己巨大的壓力，是財務自由給了我一個機會，讓我重新找回自我。如果你沒辦法給自己一個喘息、調整的機會，仍然勉強自己一直工作，造成精神上的龐大壓力及負擔，到最後可能會自信心潰堤、精神煥散、患得患失，更有的人因此得到了憂鬱症、躁鬱症而不自知，在職場上比比皆是。

我當初成立璀璨生活 SPL 財富教練計畫，也是因為發現身邊不少的朋友面臨到職業生涯上的瓶頸，卻沒有其他選擇，必須為了錢而抵命工作。但找得到工作的還可以得到一些收入，找不到工作的卻只能面對現實，要不停地為了錢打轉，這都是因為沒有提前為沒辦法工作的那一天做好準備。我希望可以透過璀璨生活 SPL 財富教練計畫來提醒大家，理財是一輩子的事，越早開始學習準備，越能準備充分。

其實現在來找我上課的人，有蠻多人都是這樣的狀況，想學習如何準備可以提早退休的規劃，他們想給自己找一個出路，因為已經有感覺自己卡住了，或已經預期自己有可能會碰到瓶頸的狀況，沒辦法一直這樣下去。尤其是在現在這樣非常競爭的職場環境中，身體上的健康和心理上的健康是比任何事都來得重要的，要讓自己在最需要的時候有此機會，照顧好自己，才有可能找出自己人生的契機！很感謝我自己長年累月建立好的理財習慣，在我最需要的時候幫助我自己，讓我有機會重拾我的心靈健康！

可以承擔更多的風險

當你不再為了賺錢而工作的時候，那個壓力的釋放以及工作上心態的轉變會讓你的心情變得輕鬆且健康，而且會有更多的選擇，你就可以挑選對你來說最有意義的工作。我第一次退休的時候忘了考量自己是牡羊座，而且之前本來就是個工作狂，所以第一次退休時有點難以適應，生活步調沒辦法一下子慢下來，而在那第一次退休的一年之中，我選擇幫我一位 EMBA 的同學創業。

他原本是某瑞士知名銀行資產管理公司的全球負責人，瑞士銀行界的金童。當時他在職場上可說是一帆風順，但他知道好景不一定會永久，所以他想要創立自己的資產管理公司，並且想找個適合的夥伴一起經營。他是設計金融商品的專家，嫻熟法務及財務的細節，而我 g 擅長業務、行銷，兩人一拍即合。

我幫他從一開始的市場研究，釐清市場需求，到一起將產品塑造出來，並幫他開拓市場從零到有。主要是針對願意用 500 萬澳幣移民澳洲的富豪，幫他們管理資產，當時 500 萬澳幣相當於 500 萬美元，是一個非常具有挑戰性的市場客層。對我來說，這就是一個非常有趣的機會，和志同道合的夥伴攜手創造一個從無到有的經歷，更何況是我一直很有興趣去做而且擅長的事情。我們合作相當愉快，但後來有個大家搶破頭都想去的工作邀約找我，我就到了全球知名的藝術品拍賣公司佳士得工作，幾年後當他知道我要離開佳士得的時候，他再次邀請我回到他的公司，一起繼續打拼。

在我第一次退休生涯的後期，藝術品拍賣公司佳士得前來邀約加入，希望可以借重我之前的管理經驗，幫助當時的 CEO 做一些管理工作。這對我來說也是一個非常吸引人的機會，有機會到一個非常特別的產業去學習，並整合我之前的業務管理經驗來貢獻。這個工作機會讓我工作的範圍涵蓋全球，每次飛出去就是地球繞一圈，而每年至少會繞三、四圈，怎麼能不去！在佳士得再歷經一年多的職場生涯，後來我又決定要第二次退休，因為我深深知道我並不那麼適合企業文化，雖然有幸做到一定程度的管理職，但其實我仍然沒有太大的野心。

花時間在更重要的人事物上

第二次退休，在調慢生活的步調上我適應了許多，可也沒有阻止我去做我想做的事。為了一圓媽媽的夢想，我們一起合夥開了一家蛋糕咖啡廳。我媽媽是個頗有名氣的老師，專門教授人物雕塑及蛋糕裝飾，她一直熱衷並貢獻於蛋糕裝飾教學，許多台灣到世界各地比賽的選手，都接受過媽媽的指導。

媽媽當時也想跨足甜點製作零售的領域並結合她的教學興趣，所以我們決定一起開一間蛋糕咖啡廳。那是個辛苦的一年，也是有趣的一年，整個店從無到有，每一份食譜的研究，累積與製作的細節實現，管理員工的甘苦。我也因此了解到創業的辛苦，也相當佩服創業家要具備的熱情與執著，這也算是開啟了我對投資新創事業的興趣。

後來因為零售的工作比我原本想像的還要花時間跟精神，而且非常愛旅行的我因為求好心切就都把自己綁在店裡，再加上媽媽教學忙碌，也沒有辦法實現她原先要幫忙營運的承諾而有些過意不去，所以後來剛好有員工想異動，我們就決定把店收起來。**我因為提前達到財富自由，而有機會可以嘗試我以前重來沒有想過可以做的事**，與夢幻夥伴創業，跳槽到一個從來沒有經歷過的產業，自己做生意，不再以薪水職稱高低做考量，**以財富自由做支撐，我可以有空間去嘗試新的機會，追求更遠大的夢想，同時也承擔更多風險，而不會怕失敗， 因為我知道我的底線在哪裡。**

很多人會羨慕我有機會可以經歷於這麼多不同的產業、不同的角色。其實如果我今天沒有達到財務自由，我可能不會想要冒這麼大的險，去開發自己的潛能，歷練不同產業或是創業的嘗試。可能現在我還是會留在我做了 13 年的公司，繼續領一份死薪水，不敢輕舉妄動，不敢冒險體驗外面更廣闊的世界，只為了守著一份薪水的安全感。

我現在漸漸習慣而且享受較慢的生活步調，現在你叫我要快，我也不一定快得起來。像是我現在的退休生活，每隔一個月飛一趟日本陪我的男朋友，每天想著要做什麼美味料理，週末到處品嚐美食餐廳，另外有朋友找去有趣的地方玩我就去，像我剛從蘇梅島的一家專門做排毒舒壓假期的 Kamalaya Resort 度假回來。我現在財富自由的狀態，幾乎是每個月飛一趟短程的路線，一年飛一次或兩次長程的路線，去看看家人朋友，去體驗新的文化、生活方式。

也有興趣和時間去學習我想學習的新東西，像我久病成良醫，知道有一些問題並不是西方醫學可以完全治癒的。我看了另類療法多年，看出心得，也因為在崔玖醫師的鼓勵下，去年發奮拿到英國巴哈花精 EFRP 的花精治療師執照。希望不只幫助自己，也能幫助別人，也學習了舊井靈氣，讓自己更進一步懂得放鬆療癒的可能。

財富自由讓你的人生選擇更多，可以承受的風險承受度也會變高，你可以選擇對你來說更重要的事情，例如多花點時間陪伴家人、享受旅行、打開眼界、體驗不同的人生，更可以毫無顧忌的懷抱更遠大的夢想。

可以有更遠大的夢想

現在的我，也找到我許久不見的熱情，因為長久以來，許多的家人和朋友們經常來請教理財投資的相關問題，由於過往的工作經歷，讓我對金融業運作的相關細節相當的清楚。更重要的是，他們知道我從第一份工作開始，便開始累積了豐富的投資經歷。

我 20 年以上的投資經歷涵蓋了全球，不僅止於金融投資工具的運用，也包括了房地產、商業不動產、物業發展以及生意投資，這也是為什麼有這麼多人來請教的原因。他們希望我可以給點意見或給個好或不好的答案，但我向來不會這麼做。我反而是花時間和你一起討論你想得到的是什麼，並了解你如何做投資決定的整個過程、考量的因素，問一些你從沒有想到過的問題，鼓勵你往你沒想到的方面找一下資料，來幫助你做更完整的理財投資決策。

我會引導你了解自己的需求，並仔細檢視你眼前的這個投資機會到底適不適合你。其實經過這個過程，到最後，你自己心裡大概就已經有了答案。另外，經過這麼多人來詢問，我發現其實大家在做自己的理財決策時，都沒有辦法從一個全盤的角度來考量自己的需求，只是碰到別人推銷，或是碰到投資機會，或聽從別人說賺錢的時候，才會去針對單一產品做投資決定，缺乏全面的考量。因為你不知道自己理財是為了什麼，可能會承擔什麼風險，以及可以得到多少的收益，沒有一個目標或想達成的願景。

所以， 2017 年我開始了一個叫做「璀璨生活財富自由」的教學計畫，除了持續宣揚提早開始理財的重要性外。同時間我篩選出想要檢視自己的理財觀念，有決心想要成功學習理財投資的夥伴進行教學。在教練計畫的期間內（通常是一年的時間），針對每個人不同的情況和需求一對一地教學，並且讓夥伴在有教練指導的期間能放心練習、體驗、提問，才知道如何面對不同的狀況。而可以在教練期間過後，能有信心且有能力，在各種狀態下自己做出正確的投資決策。

如果每個人都能認清財務這件事對他們來說有多重要，願意踏出自己的舒適圈，來面對這件對你人生最重要的事，我願意以超過 20 年的經驗來幫助你有效率的找出最適合你的方法，以達到你的人生目標。**理財需要練習，投資是理財的一部分，也需要練習**。像我跟別人說我 38 歲退休，我最常聽到的反應就是「你好厲害喔！」「我好羨慕喔！」但我可是從 21 歲就開始持續的理財、投資、學習、調整。如果你也能越早開始，就越容易達成看似不可能的目標。我當初也沒有想到，我可以在這麼短的時間內，累積我一輩子（15 年）所賺薪資的 3 倍！

我得到財務自由到現在已經有 6 年的時間了（從 2013 年開始），我有更多的機會去嘗試我想要做的事情，而不是只有為了賺更高的薪水。**財務自由對我來說是一種不需要擔心錢的狀態，不用擔心錢的自由！這是一種讓你覺得有自信，覺得生命經歷富足，更感謝你可以擁有這一切，而更想要去幫助別人**。這是為什麼在我第二次退休之後，覺得可以運用我自己對理財的熱情來幫助別人。或許可以提醒大家在人生更早的階段，就開始思考自己想要的生活是什麼，並且付諸行動，或者影響大家克服恐懼與憂慮，及早勇敢面對理財這件事。

你可以設定並遵守自己的人生原則，多做一些有意義的事

除此之外，以下是另外一個朋友的故事。我有一個朋友是在香港上市的大陸民營企業的CFO，有一段時間看著他壓力似乎很大的樣子，常常若有所思，精神狀態和身體狀況均不佳，但過沒多久，看他似乎有喘了一口氣的樣子，才驚覺他已經辭職了。

有機會和他聊聊之後，發現他前一陣子的掙扎，他說：「我的老闆要求我做假帳，我做也不是，不做也不是，那陣子就是一直在掙扎。做了假帳，就得一直做下去，被發現了，是我被抓去關；不做假帳，老闆的壓力就在眼前，每天刁難，日子很不好過。最後我算了一下自己的財務能力，應該可以休息個幾年，就決定辭職了，不用每天與自己的良心過意不去。」我問他接下來怎麼辦，他說有筆積蓄，也一直有理財的習慣，想先休息一陣子，花點時間在年幼的女兒身上。在幫公司管錢這麼久後，看看有沒有自己創業的可能，而這段職業生涯似乎已磨掉他之前對職場的熱情了。

還好他沒有答應做假帳，最近得知在他辭職後沒多久，他的老闆被抓去關了 4 年，而他也被偵訊了數次。習近平上台後大肆整頓，就算他做了假帳撐到現在，每天提心吊膽也不是人過的生活。相對的，因為他有理財的習慣，累積了一筆財富，在被逼做與自己價值觀不容許的事時，他可以無後顧之憂的做出對的決定，而沒有讓自己陷入危險，或做更多危險的事。

這幾年他有機會可以多花一些時間參與可愛女兒的成長過程，同時又生了個娃，也嘗試過自己創業。一直到近幾年，聽說以前公司的新管理層知道他過去辭職的原因，更加覺得他可以負擔重責大任，而

力邀他重新再回到公司。最近他任職的公司獲選香港財經報紙《信報》的 2018 上市公司卓越大獎，還由我這個朋友上台代表領獎呢！

你達到財務自由的過程，就是對下一代最好的身教

常常有朋友或同事帶著他們初入社會或要上大學的小孩們來找我，請我給些意見，因為他們認為我書唸得很好，工作也做得不錯。而我都跟小孩們說，做什麼都好，但必須要對自己負責，但更重要的是要花時間學習理財、投資，而不是一輩子只領死薪水，那是永遠不夠用的。我總會分享我父親循循善誘的過程，和他自己達成財務自由的身教，以及如何帶給我對理財投資的啟發。

華人社會向來有「富不過三代」的魔咒。在富裕的生活中，如果沒有父母正確的傳承財富觀念，下一代很容易陷入「富不過三代」的陷阱。我身邊有非常多這樣的例子，習慣了優渥的生活，但自己卻只會花不會賺，只能等著上一代過世才能得到遺產繼續他們優渥的生活方式。如果幸運一點錢夠用，也許還有剩能留給自己的下一代；不幸的是，若遺產不夠用，剩下的日子只會更難過。

記得，你的財富心態會傳承給你的下一代，透過你的身教言教，下一代會深受父母淺移默化的影響。**我們除了留下財富給下一代外，正確理財觀念的傳承是另一項更重要的遺產**。

財務自由的好處有很多，我自己親身體會到的如下：

1. 實際上的身體健康。

2. 選擇做對你最有意義的工作。

3. 心靈上的健康。

4. 你可以設定並遵守自己的人生原則，多做一些有意義的事。

5. 你可以有更遠大的夢想。

6. 你可以承擔更多的風險。

7. 你可以花時間在更重要的人或事上。

8. 你達到財富自由的過程，就是對下一代最好的身教。

如果你達到財富自由了，你覺得對你而言最大的好處是什麼？

如果不達成財富自由會有什麼問題？

工作收入非永遠，退休了就沒錢生活

我多年的工作經驗，除了帶給我成就感，累積我的經驗和眼界，讓我持續擴大我的可投資資產外，也有隨之而來的壓力。壓力帶來的失眠，惡化成抵抗力降低、容易疲倦、身體健康惡化等等的負面影響。但我很慶幸在狀況更惡化之前，我給自己一個機會休息，想想什麼事情對我來說才是最重要的。

我曾經看過不少在職場上生病的人，不只是失去身體健康，甚至是精神上的健康也失去了。我身邊有不少的主管朋友們就是吞完憂鬱症的藥撐著身體去上班的，不知道精神上的未爆彈何時會爆發。當你

離不開這個工作，你的不喜歡、不開心便會累積成對人生的沮喪，整個人也會變得沒有自信，長期下來就成了一個惡性循環。睡不著、不想去上班或更嚴重變成害怕去上班，每天都在憂鬱與恐懼中度過，最終即是累積出精神或身體的疾病。必須培養自己有能力可以找到，並做自己喜歡的工作，或有本錢在你需要休息、喘口氣的時候，可以沒有後顧之憂。

我們總有一天會必須停止工作，不管是自願或是非自願的。越早開始準備，你就可以有更大的彈性來面對不工作、沒有收入這件事。有不少參加我財富教練計畫的學員們，大多40幾歲，就是預見到自己可能因為這幾年職場型態轉變，工作壓力隨之增加，覺得快要有失業恐慌的狀況發生，希望找個值得信賴的人學習理財，規劃和建議他們如何可以在50歲左右能無後顧之憂的退休。

因錢失和

另外，我也看過不少夫妻或家庭因為龐大的經濟壓力，或對錢的價值觀不同而不斷的爭執，這種吵架向來是沒有結果的，因為每個人的價值觀本來就不同。日積月累，只會加深對彼此的怨懟，貧賤夫妻百事哀，相信你一定有聽過。我就碰過不少來找我諮詢的夫妻，甚至就當著我的面吵了起來的不在少數。

你和你的人生夥伴是否對錢的事難以溝通？還是常為了錢的事吵架？如果你們只要遇到錢的事就會吵，甚至是無法溝通，相信更難去討論到存錢或投資理財了！如果你們沒有辦法為了兩人共同的家庭財務目標或共同的願景做溝通及設定，不要說達成了，就連如何一起開始努力都不曉得。

越沒有準備，越沒有選擇

我還碰過不少覺得職場不適合他或跟不上職場競爭力的人，想說去做個小生意或許較容易賺錢，如果你是這麼認為的，要特別小心。第一，不管是什麼小生意，都必需先投入一些本錢，成功的機率或收支打平的機率都還是一個未知數。如果你成功了，那真的是很幸運，畢竟賺大錢的機率不高，投入的精神、時間、體力、壓力，絕對比領一份死薪水的工作要多了好幾百倍。

如果這樣的狀況繼續下去，當年紀越長，如果沒有跟著職場或市場成長，或是投資自己去進修，具有職場所需的技能，你就會越來越找不到工作，也沒有要求薪水的本錢，越來越賺不到錢，久而久之容易被職場所淘汰，就只能做一些勞力的工作。我相信你們一定常看到，現在有些速食店的工作人員，有些已經是阿公阿媽級的了，在小吃攤幫忙洗碗、送餐的人，年紀也已經一大把了。你能想像自己 60~70 歲以後，每天為了怕吃不飽、穿不暖而工作嗎？更不要說生病沒錢可以看醫生了！那你就只能不斷的為了基本生活出賣勞力，一直到離開世界的那一天了。

錯誤的價值觀造成失敗的人生

我有個親戚，跟我父親差沒幾歲，他從小就是有錢人家的長子。尤其他父親是老來得子，非常寵愛他。他有些小聰明，在年輕的時候古董生意就已經做得有聲有色。他會賺錢，但也非常會花錢，再加上他認為錢來得容易，自然不覺得理財有什麼重要。後來因為他沉迷於賭博越來越嚴重，賠的錢已經不是幾萬，而是幾百萬、幾千萬的輸，如此不只是把他自己賺的錢全輸光了，還把他父親留下來的財產也輸光了。也不知道他又做了什麼事，最後被枕邊人趕出家門，只知道大概還是和錢有關。

他之前在香港、澳門做生意很風光，現在已經 60 ～ 70 歲了，不得不回到台灣。起初看他還過著正常的日子，但還是逢人便借錢，後來聽說他去了他以前老朋友在萬華的舊旅館，當夜班的清潔人員，只求有點現金收入可以吃飯過日子，租了一個小套房住在三重。有次他很感慨的說，以前我父親出身貧窮，住三重，現在風水輪流轉，換他住三重，而且還得靠我父親接濟他。他現在真的就是只能求溫飽，有地方睡（他曾睡在街上一段時間），除此之外，其他都是多想的，他也沒辦法想了。他就是一個最好的例子，年輕有餘力的時候不想未來，以為好日子可以一直過下去，對未來沒有任何準備。

這位親戚前幾個月過世了，醫療和喪葬費用，他兒子卻是一直躲避著不處理，唯恐他出面就要負擔他父親的相關費用，真是讓人不勝唏嘘。我相信任何人都不願意淪落到這種地步呀⋯⋯。不過沒有規劃和努力，的確很容易得到這樣的結果，或許只是程度上的不同罷了。你還想說不想面對你的財務嗎？你有想過不面對的後果嗎？如果你設定的目標太小，或沒有規劃，或沒有為意外做準備，你的財務規劃也相當容易失敗！

下面問題請你問一問自己：

- 你還想要沮喪的工作多久？
- 你想要讓不同的價值觀毀了你的婚姻或親密關係嗎？因愛而結合，因錢而分離嗎？
- 你是得過且過，或是沒有設定目標的人嗎？
- 或者是你連想都沒有想過這個問題？
- 目前為止，你做的人生決定是把你帶往你的夢想目標，還是離你的目標越來越遠呢？
- 有什麼東西是你沒有機會擁有，而你卻希望你有能力可以給你的小孩與家人的呢？

三.為什麼你無法開始邁向財富自由之路？

其實多數人大多有關於投資理財的迷思，這些迷思造成大家的懷疑，以及對自己缺乏信心，因而裹足不前，不敢嘗試、行動。

事實一：你可以成為自己的理財專家！

"Professionals in other fields, like dentists, bring a lot to the layman, but people get nothing by hiring professional money managers." Warren Buffett.

巴菲特說：「在其他領域的職業專家，例如牙醫，的確有很多專業知識、技能可以提供給我們這些門外漢，但如果你雇用專業的理財經理人，你並不會得到你想要得到的專業回饋 。」

你可能會說他是巴菲特啊，他當然可以這麼說，因為他懂得投資理財啊！你認為只有專家可以投資，但其實每一個人都可以成功的投資理財。只要你願意花一點時間，了解你自己和找出真正適合你的方法，或者是找到一個適合你的老師教導指引，你就可以很快地學會如何成長你的財富。

對於真正知道他需要面對自己財務的人，他們知道投資一些時間和努力絕對是值得的，而且一輩子受用。你願意正面去學習理財投資，其實在某些程度上對你的理財專員、股票經紀人等的工作和業績上來說，是有一些利益衝突的，畢竟他們只能賣給你他們公司的產品，他們工作的評等或待遇，和你投入的投資金額及購買的項目（有些金融產品會給金融機構較多的回扣）是成正比的。他們或許會對你說：「這其實是我的專業啊！聽我的建議，你就可以不用這麼費心了！」其實你才真的需要費心，說到底這是你的錢，不是理財專員或私人銀行家的錢。

不少來找我諮詢的人，碰到的狀況是他們聽了理專的建議，自己完全沒有做一些了解，確定這個產品適不適合自己，買了理專推薦的金融產品，起初或許一次、兩次有賺到一些錢，但後來賠的越來越多，甚至賠超過一半，這時候他們的理專或許離職，或許換工作，當然也有的只能硬著頭皮挨客人罵。如果客人急著要用錢，就只能建議認賠殺出，或只能盡量不連絡客人，少挨一頓罵。

我也幫過幾個朋友收過爛攤子。他們在股市好的時候，拿了一筆錢給所謂很有經驗的股市操盤手操盤，後來市場反轉，當然績效不好，操盤人跑掉了，還好帳戶是在自己名下，只是授權操盤人下單，滿手爛股票不知道要怎麼處理，甚至還分散在不同的市場，台灣、日本、韓國、泰國、美國等等，只好請我幫忙收尾。這時通常賠了錢的投資人就會怪給你建議的人，老實說任何人都沒有保證會賺錢這個本事，你應該了解不同角色在其中的利害關係，最可靠的是培養自己有辨別建議好壞的能力。

有位私募基金公司的 CFO 來問我，他這幾年來在不同國家投資了 3 間房產，但目前都沒有辦法回收，現在的表現也沒有非常好，大概只有持平沒有賺錢。他手上目前有幾百萬美元的現金，他不知道要怎麼開始理財投資才能安排退休計畫，他聽說我已經達到財務自由了，所以來問我，他應該怎麼辦。他發現他身邊的主管級朋友們，也都不知道怎麼準備退休，除了買房、買店舖，好像只能把錢交給私人銀行家管理，但他問了幾家後覺得不太對，因為收費非常昂貴，而且不知未來成果如何，也沒有朋友能推薦有信譽及口碑的銀行家。

你們聽了大概覺得怎麼可能，對方是金融業的 CFO，應該是財務的專家，怎麼會不知道如何理財。其實這不是我碰到的唯一個案，通常懂得管理公司的財務，並不一定懂得如何管理自己的財務，因為基本的理財觀念，和要達成的目標及使用的方法非常不同。

巴菲特是對的！金融從業人員總是需要你相信他們是專家，他們才有錢可以賺，但其實你可以學習正確的理財觀念和一些基本方法，而你自己可以做得更好，甚至還能省下不少的費用。沒有任何人會比你更在乎你的錢。當然專家的建議可以聽聽，但必須抱持著懷疑的態度，小心求證，然後才能做出自己的決定，而不是盲目地聽從別人的說法。

記住，理財是你自己的責任，不是你理專的責任，也不是你私人銀行家的責任。金融風暴期間，社會責怪銀行理專違規銷售不符合客戶風險承受度的金融商品，但投資人只要對自己投資的商品有基本的了解和判斷，就可以減少被 Mis-sell（不當行銷）的風險。所以只要你願意，你可以成為自己的理財專家！同時你可以省下不少的手續費支出和可能的投資損失，何樂而不為呢？

事實二：只有你自己可以好好的管理你自己的財富，就算是請別人代為管理，也要懂得如何挑選和監督。

你會想：我不想自己投資，我寧願別人幫我投資。你想要別人替你投資理財。有這種想法的人其實心裡有意識或無意識的認為，他們有比管理自己的錢財，更重要或更有趣的事情值得他們投注時間和精力。再說一次，說到底，沒有人會比你更在乎你的錢，對你的理財專員、基金經理人、私人銀行家來說，他們只能給你建議，最終怎麼理財投資，還是要你自己下決定。

更何況不管你的投資部位賺錢或賠錢，他們還是有固定的手續費或管理費收入可以收。另外只要你的錢留在他們那裡，基金公司、銀行還是每年都可以收上好大一筆的管理費啊！因此，如果你還是想要別人替你管錢，你也要有基本的理財觀念和知識，去挑選和監督適合你的理專及基金經理人。

事實三：風險不是你的敵人，最大的風險是你沒有了解你的投資標的！

當很多人來找我諮詢的時候，一開始我都會問他們，「你覺得你是一個什麼樣個性的投資人？」絕大多數人都會跟我說，「我是一個非常保守的投資人」。但有趣的是，當我們一起審視他們現有的投資部位時，往往發現他們投資的項目是非常高風險的產品，而且風險高到我的下巴都要掉下來了！為什麼會有這種現象呢？其實非常多人並沒有去了解他們投資的產品，其實這才是最大的風險啊！

任何產品都有它一定的風險，但風險並不是沒有辦法減少或釐清的。首先最基本的就是要了解你要投資的項目或產品，產品投資週期中有可能會發生最好和最壞的狀況你都要設想到。另外會發生最好和最壞狀況的機率你要有些感覺，再來才是評估你會得到的報酬，你才會知道冒這個你已經計算過的風險值不值得。如果最壞的情況發生了，你的對策是什麼。

除此之外，每個人有不同的專長跟經驗，這些都是可以做為你減少風險的工具和優勢！所以相信我，**風險不完全是你的敵人，計算過的風險是你的朋友**。你如果一點風險都不想承受，但又想賺大錢，天下的確沒有這麼好的事。詐騙集團的手法就是抓準有這種心態的人。如果你沒有辦法認清風險與報酬的本質，這是很危險的事！

事實四：小錢也可以開始投資！大部分的人也都是從小錢開始累積的！

心裡以為「我沒有錢可以投資」，這樣的人通常認為他需要很多錢才能投資理財，而且下意識的對投資理財這件事沒有太大的感覺或共鳴。如果沒有及早認清並面對自己財務這件事的話，未來在你之後的人生後面階段你終究還是要面對，越晚面對這件事，越難解決問題。

你可以學習從小錢開始作投資理財，現在市面上也有相當多可以使用的工具，來幫助你做小金額的理財，從一兩萬元，甚至幾千元就可以開始了，例如股票零股投資、定期定額買基金等等。如果你連這個金額都沒有辦法存下來，來啟動你的理財之路，我們就應該要約個時間聊聊，並檢視一下你的生活，來看看我們要如何讓你開始踏出第一步！

事實五：投資理財有基本的方法可以使用，不必自己瞎子摸象！

對於不知道如何開始理財的人，接下來我分享一套基本的程序，讓你可以一步一步的學習建立基本的理財觀念，設定目標，並了解如何一步一步達成你所設立的財務及人生目標。記住，沒有人比你更在乎你的錢和你的生活。如果你的目標沒有設得太遠大，你就更難下定決心去做，去想辦法成功。那更不用說如果你連目標都設不出來的話，只能繼續渾渾噩噩的過著不知道未來會發生什麼事的生活了。

拒絕成為 95%的人

「有些人相信成功垂手可得，可以提升自己的標準來創造出新天地，更多人卻因為妄自菲薄或貪戀安逸而甘於接受現狀，成為一個中庸的人。許多研究都顯示 100 人之中最終只有 1 人成為富翁，4 人得以財務自由。換言之，我們社會上約有 95% 的人因種種原因而繼續為生活掙扎，其中一個主要原因是他們不是 Play to Win 而是 Play Not to Loose。」

～～掌控人生日誌，區卓裕。

關於理財投資的迷思

迷思一：你以為只有專家能投資理財自己財的專家

迷思二：你以為我不想自己投資，我寧願別人幫我投資

迷思三：高回報率等於高風險，所以要避開高風險的投資

迷思四：我沒有錢可以投資

迷思五：我不知道如何開始

事實一：你可以成為理自己財的專家

事實二：只有你可以好好管理自己的財富，就算是請基金經理人或操盤手管理，也要懂得如何挑選和監督。

事實三：風險不是你的敵人，最大的風險是你沒有去了解你的投資標的！

事實四：小錢也可以開始投資，大部份的人都是從小錢開始累積的！

事實五：投資理財有基本的方法可以使用，不必自己瞎子摸象。

四. 你想要的財富自由是什麼？

每個人想要財富自由的狀態都不太一樣，那你想要財富自由的狀態是什麼呢？

很多人來問我，希望我能提供他們投資理財的建議，但老實說，學習如何做正確的理財投資決定是理財成功最重要的功課，沒有人可以一直幫你做這些決定，自己學會如何下決定才是解決之道。

得到財富自由並不表示一定要退休，不要工作，但是它可以給你更多的彈性與選擇。**當你擁有更多的選擇空間，你就不會卡住，不會被逼得沒有選擇，你就比其他人有更多的人生勝算。**

當你有足夠的準備，碰到人生具挑戰的時候，你就有更多的選擇

我有一位較年長的朋友，在我 18 歲的時候就認識他了，當時他 39 歲，剛剛移民來加拿大，他一直到前幾年才跟我說了他的故事。他其實是早期外商派往大陸的主管，長期與妻小分隔兩地，工作忙碌到連上廁所的時間都沒有。這種生活持續了非常多年，直到妻子罹患了嚴重的紅斑性狼瘡需要休養。而他平時有理財投資的習慣，所以在那個當下，他必須要做出重要的決定。於是他決定帶著所有家當，大約 100 萬美元，移民加拿大。不僅老婆可以安靜養病，兒子也可以在不錯的環境中求學成長，而他可以重新修補家庭關係，雖然他的太太在他們移民兩年後去逝，卻也了無遺憾。他一個人帶大兒子，一直到兒子到

東岸念大學，取得會計師執照。

我前幾年跟他閒聊，他還很開心的說，他的資產從當年的 100 萬美元，到最近他又再算了一下，已經成長為 150 萬美元的資產。相當於他這將近 30 年的時間，所有的花費都是免費的，甚至資產還成長 50%！他並沒有再回職場，反而非常享受每天睡到自然醒的退休生活。本來有點禿的頭也又長出茂密的黑髮，羨慕吧！

我曾問過他，既然之前職場那麼風光，為什麼沒有想要再回去工作，他說他也曾經有想過，但他覺得既然錢不是個問題，再重回職場追求名聲、成就，那並不是他想要的。他覺得他現在每天心情愉快，睡到自然醒，而大多數的時間與大自然為伍，天天讀他喜歡的書，他覺得還可以多活好多年呀！

如果你處於他多年前的位置，有家人生重病，不知道還有多少時間，你會因為錢的問題，而讓自己做出遺憾終身的決定？還是會希望機會在家人有限的時間裡，給家人最好的醫療照顧和陪伴呢？

想想看，如果今天突然有位親愛的家人或是你自己不幸身體出狀況，沒辦法繼續工作維持收入，需要一大筆錢醫治、手術、復健等等一連串的醫療照護，你的生活會不會就此一蹶不振？還是你可以做出決定，重新開始新的生活，花費時間和精力在你認為真正重要的人身上呢？！

減少自己的焦慮，讓自己有機會過自己想要的生活

有一位參加我一年期璀燦生活財富自由教練計畫的學員，他一直知道他需要去面對並處理他的財務，但他不知道該怎麼開始，要如何去做，也不知道要找誰指導，一直到他透過朋友找到我。我們坐下來討論並整理出他想要達成的 10 年提早退休的目標（他參加的時候是 48 歲）。在我們完成第一個月 4 堂課評估之後，他已經非常開心的跟我說，「我充分了解自己現在的狀況，以及知道如何明確的設定出想要達成的目標，我已經有信心可以管理好自己的財務！」

透過這個過程他已經知道，他是不是要在現在這個不開心的工作上繼續下去，或者可以無慮的去接受另一個新的挑戰，或者他可以選擇另一個壓力和時間再輕鬆一點的工作，擁有多一些時間給自己。換言之，10 年的理財規劃也是他的職業生涯規劃。他對他提早退休這個目標也更有信心，心裡更踏實了！想想看，你要讓自己卡在一個你完全不喜歡，造成你自信心低下，更糟的是可能讓你焦慮，心理不健康的工作多少年呢？

夫妻同心，給下一代留下不止是財富，最重要的是理財態度

一對夫婦學員，他們一直在財務狀況和態度上是非常兩極的，他們並不認同彼此的價值觀和投資想法。他們很幸運的，父母過世後留下一筆不少的財產，但在父母過世之前，他們從來沒有掌握過經濟大權和管過錢，更沒有替自己理財的經驗，他們不知道該如何處理這筆錢。這筆錢不算小，但他們不確定這筆錢是否足夠讓他們以想要的生活方式退休，並且還足夠留給他們的小孩。

我們討論並制定了夫妻共同的退休目標，並讓這對夫婦有相同的基本觀念可以討論溝通，關注投資風險、回報和期望。他們現在已經可以正常地進行溝通，不會動不動就吵架，沒有辦法釐清的事情我們就一起討論。現在他們一起朝著相同的目標彼此提醒，共同努力。他們都希望自己能夠理解如何在生命的不同階段幫自己投資，並希望他們的孩子也能因為看著他們的成長，而對小孩有正面的影響，進而學習。

你認為管理你的財務很難，但實際上只需要練習。如果你開始採取行動來了解你現在的狀況，那麼你將感到更有能力在生活中做更多的事情。

你認為懷抱夢想是不切實際的，但實際上我們只活一次，如果我們甚至連嘗試追夢都沒有，我們會後悔。只要你願意懷抱那個夢想並為此做好準備，那麼你將不會有任何遺憾後悔，而有比其他人更輝煌的生活經驗。

你認為提前退休是不可能完成的任務，但很多人都做到了。只要你願意採取行動投資自己，你也可以提早達成財務自由。

達到財務自由的方程式 

我想與你分享讓我提早得到財務自由的方法及步驟，不僅僅可以讓你樂於工作，得到提早退休的規劃，去實現你的夢想，給小孩最好的教育，或任何你想給下一代的保障與資產。自己學會正確的理財投資，這些都是你可以做到的！提早達成財富自由比你想像的還簡單，你有興趣跟我一起，透過以下這套方法，一步一步讓自己邁向財富自由嗎？

這是我達成財富自由的心得，

與你分享我投資超過 20 年經驗的

「璀璨生活財富自由的方程式」

你一輩子的《資產 ASSET》

Assess Where You Are Now	評估你現在的狀況
Set Up Your Goal	設定你的目標
Set Up A Right Plan for You	設立一個對你有用的計畫
Establish Right Investment Mindset	建立正確的投資心態
Tactical Execution	有策略的執行計畫

五.「璀璨生活財富自由方程式」—你一輩子的《資產 Asset》

Asset

Assess Where You Are Now 評估你現在的狀況

你現在的資產是？

你現在的負債是？

你平時的花費和花費大項是？

你的收入如何？

你的存款是？

其實請大家先想想每一個問題，一個一個想清楚。最主要是我們透過仔細檢視自己的狀況，並回答這些問題來找出你現在的「可投資資產」—就是你可以拿來投資的資源有多少。記得我們前面有提到「財富自由 = 被動收入 >= 支出 => 可投資資產 x 預期投資收益率」？了解你的可投資資產有多少是開始的第一步。還有透過回答這些問題，可以釐清自己的花費狀況。如果我們想要增加自己的可投資資產，就必須從現有資產、負債、收入、花費、存款這幾個方面下手，一個一個檢視。

舉例來說，討論一下什麼是資產與負債（我們比較不像是會計師所說的會計上的資產、負債，記得我們的主要目的是找出可以拿來做投資本金的「可投資資產」）。

保守原則

在我們開始做任何計算和看任何例子之前，有一個很重要的原則要跟大家分享，那就是所謂的「保守原則」。既然我們做任何的財務估算是為了讓我們對未來有準備才能安心，所以我們在做任何財務上的設想時，還是以保守為主要原則。

什麼是「保守原則」呢？其實它就是你心裡的一把尺，如果今天我們在計算自己的可投資資產，當然希望可以盡量百分之百的確定，我們所擁有的資產有這個價值。所以在評估我們擁有的資產時，我們會以比較保守的價值（比較低的價值）做估算。

當然如果你很確定你擁有資產的市場價值，即可用那個數字來做計算，不然通常市場價值是在一個區間內。如果資產的市場價值是在一個區間內的話，我們就用這個區間比較低的數字來做估算。如果以後發現你擁有的資產比你保守估算的價值還更多，那你絕對不會有風險，因為當初估算的時候已經是用比較保守、比較低的價值來估算。

反而言之，如果今天是估算我們的負債，則一樣要秉著保守原則來處理，我們要用比較高的負債數字來做計算，尤其是如果有牽涉到利息的時候。例如房貸，在一個基準利率是逐步往上走的時代，必須做更保守的估算，以免出現償還金額超出原先預想可以負擔的能力，那就不好了。就算以後發現其實負債的部分沒有原先估算的這麼多，那就要恭喜你，因為你準備了更多來還清這個負債。

這就是所謂的保守原則，不做過分樂觀的設想，隨時保有最壞的打算。當你準備好面對最壞的狀況時，你就沒有什麼好怕的了。

你現在的資產是?

你現在的資產是（你現在擁有的是什麼）？除了我們常見的資產，像是房子、存款、定存、金融商品等等。

在討論資產擁有的部分，我通常會有兩個基本考量：

1. 你需要知道你擁有資產的大概市場價值
2. 你確定可以找到買賣的管道把它兌換變現

以下這個例子是一位 40 歲，想規劃 10 年後提早退休的 A 先生。有人會問，除了原本市場價值較透明的股票、基金和房子外，A 先生擁有的鑽石、威士忌收藏，或者是車子，算不算可投資資產的一部分呢？ 記得我前面說過的兩個條件嗎？一個就是你知道你擁有資產的市場價值，另一個就是你有管道可以把它賣掉。

第一個市場價值不難尋找，你可以去問有可能可以幫你賣掉的人，多問幾個，你就會有一個可以參考的平均價值，或者上網找大約相同條件的物件比較一下，通常你會找到大概的市場價值區間。估算的時候記得加上保守原則。

第二個條件可能是大家比較以為不會有問題，或者是聽別人說執行上很容易，可是實際上自己卻不一定做得到的條件。我自己曾經在拍賣公司任職，對拍賣公司的流程很有經驗，加上之前自己也買過不

A先生的資產負債列表，找出他現在的可投資資產

資產		負債	
現金	888,888		
定存	500,000		
股票	660,000		
基金	180,000		
公寓	20,000,000	房貸	10,000,000
鑽石	200,000		
威士忌	300,000		
總資產	**22,728,888**	**總負債**	**10,000,000**
可投資資產	**2,228,888**		

A先生他現在的可投資的資產

= 現金+定存+股票+基金

= 888,888+ 500,000 + 660,000 + 180,000 = 2,228,888

達到財務自由的方程式 SPL

少奢侈品（不過還好我買這些奢侈品的時候，並不是用投資的心態買進，只是純粹擁有的快樂）。有些東西你不一定可以找到真的幫你賣掉的人，這就是一個很大的風險，一個你沒有辦法變現的風險。

在這幾年間，有非常多的親朋好友，或是透過他們介紹來請我幫忙的人，希望我可以找到幫他們賣掉藝術品收藏的管道或辦法，或直接幫他們處理掉奢侈品收藏的人不在少數。通常擁有的人都覺得自己擁有的東西價值很高，但是當你打算要把它處理掉的時候，才發現沒有可以處理的管道，或是價錢並沒有真的像你想的那麼值錢，或者根本乏人問津，更或者幫你處理的管道需要收很大一筆的處理費用。

所以，除非你可以馬上變現或是你打算現在變現，不然一樣以保守原則處理，我都還是比較保留不把這些東西計算成你可投資資產的一部分，因為你不會現在把它變現然後拿來投資。這是為什麼以上 A 先生的例子，我沒有把他的公寓列入可投資資產的原因。但這些東西都還是你擁有資產的一部分，只是在做理財計畫時，我們不會把這些不明確的擁有，或無法馬上拿來變現再投資的資產，算入可投資資產的一部分，在做財務預估時，還是保守些比較保險。

我碰過許多來找我諮詢或請我提供意見，擁有鑽石和奢侈品的先生、小姐們，認為這些是很好的投資，但當我請他們去估算市場價值跟找出可以幫他變現的管道時，他們就發現有困難了。就算他們的鑽石擁有大大小小應該有的證書，但一旦想變現，價錢和管道就都是問題了。

還有或許有很多妹妹們覺得買奢侈品是一種投資，當你實際拿去二手店請他們估價的時候，請你記得奢侈品就像車子一樣，落地以後價格幾乎折半，而且還要看你的保存狀況好不好，包裝完不完整。再加上二手店可能要收一筆寄賣的費用，或只能折算到店家願意向你收購的價錢，當你先查證以後這些收藏品值不值得，心裡就相對清楚了。

如果你手上有這些東西，可以練習一下，估價及尋找可處理的管道，以備不時之需，也驗證一下自己的期望值。另外如果這兩個條件你都可以克服，而且執行上也沒有問題，或許你又找出另一個值得投資的另類投資管道，何樂而不為呢？

你現在的負債是?

你現在的負債是（你現在有欠的錢是什麼）？你的負債除了你欠的本金外，請不要忘記把你所有應付的利息和償還的方法、時間，一併列入考量。舉例以房貸來說，你應該要了解每期需要繳多少錢？哪一段時間是只付利息？而從什麼時候開始要一併償還本金？你攤還負債的部分，原則上我們會把這列為每個月（或年）支出的一部分，知道得越清楚，越容易估算你可以存下多少錢來增加你的可投資資產。

常有人問說，到底有什麼貸款是可以借的啊？我倒覺得相對上來說，如果貸款利率是你覺得壓力小，是你可以賺得回來的利率，加上你把整個貸款期間所有每一期應繳金額列出一張表來，再加上貸款浮動利率的估算在裡面（尤其是在利率趨勢是往上的期間），有自信把你的每一期需繳的總貸款償還金額（如果同時間有不同的貸款，例如房貸加車貸等等）總數，控制最好不要超過每月收入的 1/3 或 1/2，才不會有壓力沉重的感覺，即可考慮去貸款。

還有，如果突然收入減少或完全沒有收入的情況下，貸款償還還是不能中斷，才不會對你的信用，或基本生活條件 (例如住的房子、生財用的車子等) 造成影響，這些都需要事先準備和預估的（會在之後的「財務安全網」章節中討論這個部分）。

我也碰到有人認為都不要有借貸才是安全的。我倒是覺得，可以衡量自己的能力，跟衡量自己想要的東西與實際需求。例如買房子是屬於比較難一次拿出那麼多現金，或就算有能力拿出那麼多現金，但以現在利率處於歷史低檔的時候，或許借房貸可以讓你更靈活運用你的現金部位。如果你可以靈活投資得到比房貸利率更高的投資報酬率，那就是更好的運用。

但是，我並不覺得大量借貸是一件很好的事。我曾經碰過一位金融業的小主管，他認為他賺的薪水不少，相對也要求生活品質，要住好吃好用好，要開好車、住好房子，還不時要買喜歡的奢侈品，以及不定期的出國旅遊。夫妻倆每月的薪水全部都花在房貸、車貸和信用貸款上，完全是月光族，甚至到後來有段時間只付得出循環利息。最後先生的工作並沒有想像中的一直那麼順利，導致夫妻倆還要想盡辦法去借任何他們可以借得到的貸款，來先支付房貸、車貸。

這是一個很糟的惡性循環，永遠在借東牆補西牆，而且錢的壓力也壓垮了夫妻的感情和基本生活的維持，所以量力而為很重要！雖說以上的例子是金融業的從業人員，但也並不一定對錢擁有正確的觀念，及早建立正確的理財心態是很重要的。

你平時的花費和花費大項是?

你現在的日常花費大概是多少？了解你的花費大項，如果需要節流，才知道什麼花費是必要支出的，什麼花費是可以再多多考慮的，而什麼花費是可以先省下來的。我們都有一定的基本生活需求，了解清楚自己一定不能妥協的地方，以及自己可以省下來不用花錢的地方極為重要。

我推薦大家上網去找找—The Minimalist (https://www.theminimalists.com/minimalism/) ，他們兩位 Joshua Fields Millburn & Ryan Nicodemus 出身辛苦但很努力，所以很年輕時就事業成功，Joshua Fields Millburn 管理 150 間零售店面，月領超過 7 位數的薪水，擁有別人羨慕的一切。但他卻不覺得富有，一步步達到他對自己設定的事業發展卻仍覺得不夠，心裡覺得很空虛、不快樂，到後來離婚失去所有，加上他最親的母親過世。這些遭遇讓他有機會反思自己的人生，去掉物質的追求，才找回了自己，以及自己真正珍愛的東西：時間、自由和熱情。

他回頭看以前的自己，覺得他過於追求物質，不但沒有讓他得到以為的幸福，反而因為過於追求物質而失去了真正的幸福。所以他進而積極和大家分享，提倡「極簡主義」，稱自己為 Minimalist,Ryan 發現他的朋友有這麼驚人的正面轉變，他了解後也加入了極簡主義的行列。對他們而言，極簡主義簡單來說是一種工具，可以幫助你簡化你的需求，所以你可以有更多的時間、精神集中在你真正覺得重要的事情上。這樣，你會更快找到快樂、成就感和自由！

他們的經歷和訴求很感人，也很實際，幫助了很多人在現在物質需求氾濫的時代，提醒我們什麼是真正重要的東西。看看他們的心路歷程，可以幫助你簡化你的需求，幫助你把錢省下來，早點達到你真正覺得重要的目標——你的夢想。

Minimalism is a tool that can assist you in finding freedom. Freedom from fear. Freedom from worry. Freedom from overwhelm. Freedom from guilt. Freedom from depression. Freedom from the trappings of the consumer culture we've built our lives around. Real freedom.

That doesn't mean there's anything inherently wrong with owning material possessions. Today's problem seems to be the meaning we assign to our stuff: we tend to give too much meaning to our things, often forsaking our health, our relationships, our passions, our personal growth, and our desire to contribute beyond ourselves. Want to own a car or a house? Great, have at it! Want to raise a family and have a career? If these things are important to you, then that's wonderful. Minimalism simply allows you to make these decisions more consciously, more deliberately.

極簡主義是一種可以幫助您找到自由的工具。免於恐懼、免於擔心、免於難以承受、免於內疚、免於沮喪。擺脫我們自己創造的消費文化束縛，得到真正的自由。

這並不意味著擁有物質財產本身就存在任何錯誤。今天的問題似乎是我們賦予我們擁有的東西的意義：我們傾向於給我們的東西賦予太多的意義，往往放棄我們的健康、我們的關係、我們的熱情、我們的個人成長，以及我們想貢獻自己的願望。想擁有一輛汽車或一間房子？很棒，就去擁有吧！想要成就一個家和擁有想要的事業嗎？如果這些事情對你很重要，那就太好了。極簡主義只是讓你可以更有意識、更刻意地可以做出這些（對你重要的）決定。

~~~~ 節錄於 https://www.theminimalists.com/minimalism/

我把這段讓我覺得有意義的內容分享給來找我諮詢的學員們，有很多人也的確深受影響，進而簡化自己的生活。還有以前非奢侈品不買的人，也決定簡化自己的生活，把自己的生活需求簡化，但並非妥協他的生活品質，只是把自己家裡所有他認為多餘的東西捐出來。他這麼做之後告訴我，他鬆了很大的一口氣，也覺得這樣做之後，自己的人生比較有意義，不會因為壓力而亂買東西，會去想什麼才是自己真正想要的。台灣好像還沒有翻譯這本書，《Minimialism—Live A Meaning Ful Life》by Joshaua Fields Millburn & Ryan Nicodemus（https://www.theminimalists.com/lml/），但也可以在 YouTube 或他們的網站上，找到關於他們的資訊。

我自己多年來因工作上的需要出差，長年在香港、台灣，還有其他歐美國家到處跑，常待的飯店和家裡都各有一套常用的日用品及至少一個星期的替換衣物。再加上有時出差晚上沒事，或忘了帶什麼東西，就會去附近的購物中心走走，很容易回來時手上就多了一兩件衣服、兩三樣飾品等等。所以長期累積下來，我其實至少累積了有三個家的東西。我記得有一次飯店的房務總監跑來找我，跟我說：「張小姐，不好意思，你房間衣櫃裡的掛衣桿斷掉了，我們盡快幫你換一支更堅
~~~~

固的。」非常謝謝他，但其實我自己心裡有數，我已經累積了太多的東西，飯店甚至已經放不下、超重了。

我第一次退休的時候，把所有留在飯店的東西搬回家，發現我根本放不下。我有 3 個房間，3 個大衣櫥，但完全不夠放。而且更糟的是，我發現我退休後完全用不到這些上班的戰服。所以我做了一次大整理，把衣服給我身邊還在上班的朋友們，才勉強把所有的衣服塞進 3 個房間的衣櫃裡。

我常常在想，如果之前少花這些錢，我可能可以退休得更早，或許至少可以再早個 3 年退休。其實不只我有這個遺憾，很多退休的朋友都同樣有這樣的想法。所以及早了解並努力實現自己的目標，不要讓自己做出遠離目標的決定，反而可能需要付出更多的努力才可以實現你的目標。

究竟什麼樣的支出要算在費用裡呢？

1. 食衣住行的費用
2. 保險費
3. 稅（如果收入已經是稅後的話，就可以不用再次列入費用考量）
4. 醫療費用（對常有就醫需求的人）
5. 奢侈費用（旅行、獎勵自己的費用、非基本需求的支出）
6. 貸款
7. 奉養父母，或小孩的費用

可以依個人生活環境不同再加上不同的項目。

你的收入是？

這裡指的收入，就是你的主動收入，也就是你朝九晚五工作所領的薪水，或是你全力經營生意或事業的所得。在這裡，有關於計算（年）收入的提醒。

1. 在「收入」列填入「稅後收入」，那在「支出」的地方就不用再考量稅的支出了。
2. 或者是在「收入」列填入「稅前收入」，也就是說你的年薪，那就要把稅的費用加入在支出的部分。

這樣才不會高估了你的收入，記得我們的保守原則嗎？！

有穩定的收入（存款來源），是幫你快速累積「可投資資產」的管道。由「可投資資產」賺取的投資收益再滾入你的「可投資資產」，再加上你的收入扣掉支出，可以再擴大你的「可投資資產」。同時間有兩樣收入注入你的「可投資資產」，再拿去投資，即可以更快的累積財富。

前幾年全球股市普遍走大多頭，我常聽到有年輕人，還沒累積夠「可投資資產」，就認為他們可以辭掉工作，純靠投資過日子。這是很危險的心態，尤其如果你的可投資資產不夠大，你必須要非常確定，你有辦法長期得到你預期的高投資收益率，不然這樣的生活沒辦法持久。很快的就會侵蝕到你原有的可投資資產，拖的越久，就會坐吃山空。

前兩年有幾位美國避險基金的基金經理人決定退休，帶著一家大小搬回台北，覺得台北相較於美國生活支出較少，他們認為可以利用自己過去的專業準備退休，靠交易自己的股票部位，就足夠過日子了。

但這幾年，他們發現管理自己的錢，完全不像管理公司的錢那般，他們沒有辦法達到他們預期的收益以支付一家大小的支出，所以只好趕快搬回美國找工作。所以擁有穩定或持續增加的薪水收入，是快速累積可投資資產的方法，在你沒有累積足夠可投資資產之前，請還是盡量維持這份收入。

你的存款是？

你可以存多少錢？了解你自己的收入和支出的狀況，就知道自己可以存多少錢下來了。或者可以更容易找出如何再多存一點錢！

如果你沒辦法存錢，或不知道怎麼存錢，希望透過這樣的檢視，可以知道問題在哪裡。如果你可以存錢，就再給自己下一個更具挑戰的目標，讓自己再多存一點。如果你現在可以存下 10%，就挑戰自己存 20%、30% 或更多！存錢只是個開始，但好的開始是成功的一半！常常有人說有錢的人都很小氣，其實他們只是知道每一分錢如果你存得下來，好好的運用投資，它很有機會成長為幾千、幾萬，甚至是幾百萬倍呢！

但如果你以為能存錢就已經足夠了，那可是很危險的想法呀！存下來的錢沒有長大，在通貨膨脹的環境下，貶值得很快！通貨膨脹是什麼？指的是物價飛漲，你擁有的錢購買力越來越小，同樣的 10 元新台幣，我小時候可以買養樂多 2 瓶，現在 10 元新台幣只買得起 1 瓶養樂多。這就是購買力變小了！

其實在現在的環境中，你要讓你的錢長大的速度高於物價成長的速度，才算是保值而已。定存利率如果沒有比通貨膨脹率高，錢放在定存是賠錢的；更何況有些國家還是負利率，那表示你的錢放在銀行你還要付給銀行利息。所以必須學會適合你的投資方法，才有機會快速成長你的資產！

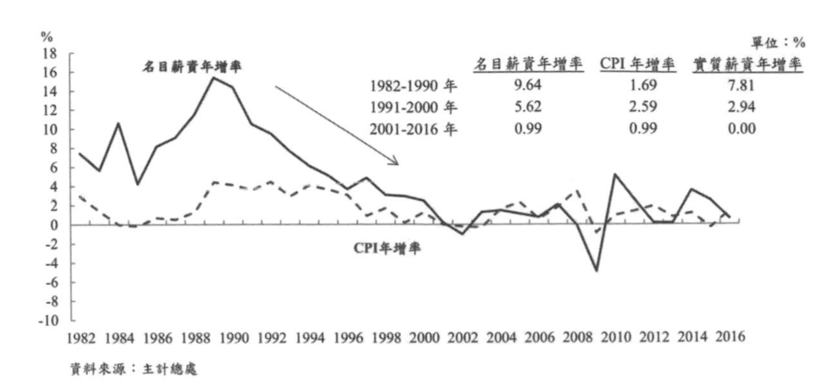

圖 5-1：台灣歷史薪資年增率及消費者物價指數（CPI）年增率（出處：中央銀行）

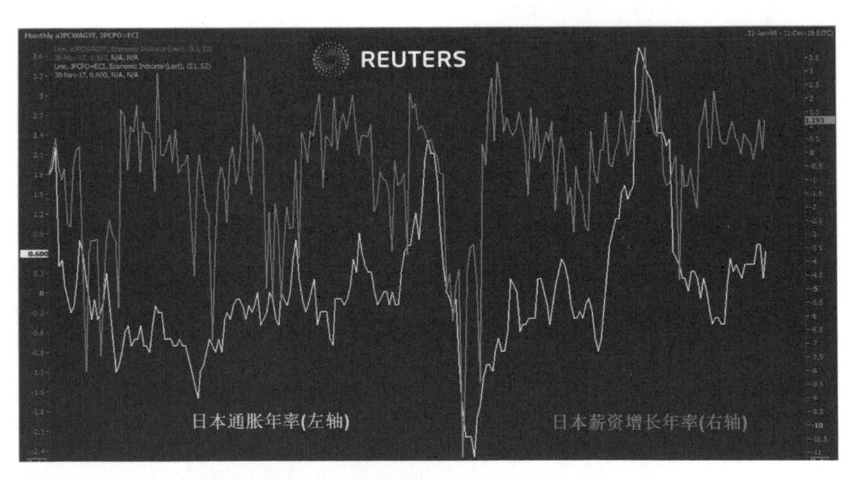

圖 5-2：日本薪資增長年率與日本通膨年率

2017 年 11 月日本薪資增長年率為 1.193 %，同時的日本通膨年率為 0.600 %，實質的薪資增長年率其實只有 0.593 %。

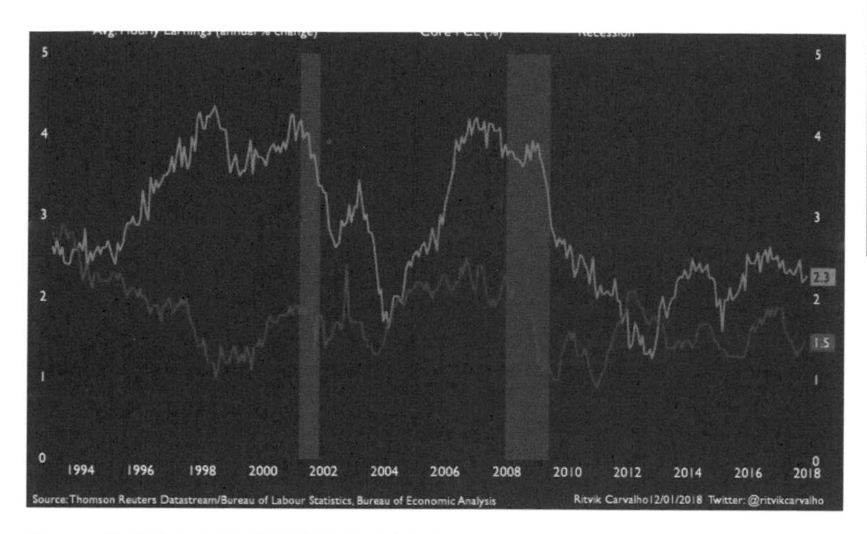

圖 5-3：美國薪資成長與通貨膨脹率（資料來源：Thomson Reuters Datastream）

2018 年初美國平均時薪年成長率為 2.3 %，同時的核心物價指數年增率為 1.5 %，實質的平均時薪年成長率其實只有 0.8 %。

應用 Excel 當工具，開始替自己的財務自由規劃

我是個記不住數字的人，也相對的對數字沒有太敏銳的感覺，所以我還是需要用 Excel 做為一個工具來幫我計算和記錄，這樣我任何時候都可以再回來檢視我當初估算得合不合理，隨時可以做一些調整。

舉兩個例子，把前面我們提過的評估自己現在狀況的幾個項目：

資產、負債、收入、支出，填入 Excel 裡面，讓大家試試看感覺一下可以怎麼做計算。一位是 40 歲，想規劃 10 年後提早退休的 A 先生（延續前面評估資產與負債的例子）；另一位是剛入社會的大學畢業生（大約 22 歲），想在 10 年後可以擁有自己的房子的 B 小姐。各自列出他們的現況：收入、支出與存款，以及已有的可投資資產。

A 先生：

40 歲，想規劃 10 年後提早退休（延續前面評估資產與負債的例子）。

現況：年收入 150 萬，年支出 100 萬與現有年存款 50 萬，以及既有的可投資資產 200 萬。

（請參考附錄圖表①）

B 小姐：

剛入社會的大學畢業生（大約 22 歲），想在 10 年後可以擁有自己的房子。

現況：年收入 36 萬，年支出 20 萬與 2018 年存款 16 萬，及既有的可投資資產為 0。

（請參考附錄圖表②）

ASset

Set Up Your Goal 設定你的目標

在了解自己現在大概的狀況，接下來就是設定你想達成的目標，這樣我們才知道自己有多少需要成長的空間和時間，來達成我們的夢想。

我到過各個大大小小的團體演講，都會告訴大家要有提早開始理財的觀念。在演講的時候，都會請聽眾試著想想他們的夢想及目標，在 10 到 20 年的時間內他們想達到的目標，然後請他們分享，並討論他們是否已經做了任何的準備工作。我比較常發現的是，很多人沒有辦法說出自己具體的夢想，或者根本沒想過這件事。也有的人夢想非常的小，或是沒有留給自己任何失敗或折衷的空間。

沒有夢想的人，你大部分的時間都忙著過日子，過一天算一天，從來沒有想過，不想要去想，或不願意去想像自己的未來會是什麼樣子。簡單來說，就是不願意去面對，害怕去面對，不然就是不敢去想。夢想非常小的人，你對自己的未來沒有信心，覺得會和現在沒有太大的差別。這有點危險，因為你只給自己一個小小的目標，其實小目標反而容易失敗，因為你沒有堅定的決心，要對自己的生活做改變，這就是為什麼你設了一個很小的目標。另外你沒有給自己安全的失誤空間，你的出發點已經是扭扭捏捏的心態，已經不是真的下定決心，再加上執行時一定會有很多惰性與掙扎出現，會讓失誤的機會變得更大。你今天達成一個小小的夢想，和達成一個遠大夢想的 70%，絕對值的差距絕對會是相當的大。

另外有一種人是有夢想的，但詳細詢問他關於夢想的細節，或是問他有沒有達成夢想的計畫，他卻沒有辦法回答你。就像是說你的夢想是想要有錢，你卻回答不出來要有多少錢對你來說才是有錢（沒有明確的目標）。或是想要有錢，卻沒有計劃如何賺更多錢來達到你想要有錢的目標。這其實在某方面來說，你只是想想而已。

你應該也聽過你身邊的朋友們分享一些美好的夢想，但卻沒有進一步達成夢想的計畫，沒有計畫的夢想只是現實中的拖延，所以你想知道如何一步一步有計畫地實現你的夢想嗎？

你真正想要的目標願景是什麼？

SMART Goal 聰明目標的設定

Specific	具體的（5W）
Measurable	可計量的
Achievable	可達成的
Realistic	務實的
Timed	有時間性的

SMART 原則是目標管理中的一種方法。目標管理的任務能有效地進行成員的組織與目標的制定及控制，以達到更好的工作績效。由管理學大師彼得．杜拉克於 1954 年首先提出。SMART 原則是為了達到這一目的而提出的一種方法，目前在企業界有廣泛的應用。（摘自

https://zh.wikipedia.org/）

SMART 原則有相當廣泛的運用，我發現拿來用在個人生涯財務規劃也是很好用的一個方法。

SMART 目標的設定 —

1.Specific 具體：

5W：Who, What, Where, When, Why（誰、什麼細節、何地、何時、為什麼）。具體化你的目標，才能更清楚如何去達成。

2.Measurable 可計量的：

將你的目標具體量化，例如前面我們提到有人的目標是想要「有錢」，那他的「有錢」是指多少錢？100 萬台幣？100 萬美金？還是 500 萬美金？確定可量化的終極目標，然後再衡量實現每個目標進度的具體標準。把每個大目標化成不同階段的小目標。當你衡量自己達成一個一個小目標的進度時，你會確定自己持續在正確的軌道上邁進，也更容易達到你的終極目標。

3.Achievable 可達成的：

如果你通常可以實現自己給自己設定的目標，你可以大膽地提高你的目標，給自己更有趣的挑戰。就算你平時不太容易達成自己設下的目標計畫，只要你真心想達成目標，夠努力認真，沒有人會比你更清楚你的夢想可不可以達成，所以不需要在意旁人的眼光。

想想 Facebook 的 Mark Zuckerberg、Apple 的 Steve Jobs，他們如果一直在意旁人的眼光及想法，或許就不會有今日的 Facebook 和 Apple 了。**你在這個為了達成夢想的過程中，努力培養所需要的態度、能力、**

技能和經濟能力。你會看到以前覺得遙不可及的夢想，因為自己的準備、努力和成長而更靠近。只有你會知道你能不能達成你的夢想目標，不要因為別人認為不可能而替自己畫地自限。

4.Realistic 務實的：

夢想與目標之間的差異是一個可實行的計畫。純粹只有夢想是一種破壞模式，因為就像沉浸在白日夢中沾沾自喜而不願付諸行動。務實的目標代表你願意並且能夠努力做到的目標，一個既高遠又現實的目標，而你是唯一能夠決定你可以達到的目標應該有多高遠的人。但請確保每個目標都代表著你一步一步的實質性進展，而不是好高騖遠的空談。

5.Timed 有時間性的：

目標應該在一個時間範圍內實現。沒有時間限制，就沒有緊迫感。如果你想減掉 10 公斤，你想什麼時候達到？如果你的設定是“有一天”，那你的減重計畫將無法運作。當你碰到誘惑的時候，很容易就會想說「我還有時間可以達到我的減重目標，現在先吃了再說吧！」但是如果你鎖定在一個時間範圍內達到目標，例如從現在（2 月 1 日）到 5 月 1 日前，減掉 10 公斤，那麼你就會將你的無意識思維置於動作之中，給自己時間的壓力，有所警惕，開始研究如何可以執行並達成目標。

你的願景是什麼？試試看設定你的目標，用 SMART 原則做一個指引。我經常聽到的目標是：“我想要創業”、“我想要改變事業道路”、“我想要提前退休”、“我想要給孩子最好的教育”、“我想要環遊世界”等等。當我們想過 S.M.A.R.T 後，可以幫助我們更進一步了解、確定實際的目標和如何實現的計畫。

什麼是「足夠」實際可以達成目標的預算？

想像你已經達成目標

「祕密」這本書不知道大家有沒有看過，一本很容易閱讀的書，告訴我們一個祕密就是「吸引力法則」，視覺化的力量，以及心想事成的步驟。你的思想創造你的未來，不論你心中想什麼，都會把他們吸引過來。這本書也談論了如何心想事成的簡單步驟，心想事成的關鍵一開始在於「想」。在心想事成的步驟中，有幾個方法幫助你專注，其中一個就是在腦海中想像你已經實現夢想的畫面，細細品嚐、感受夢想的細節，並且仔細體會實現夢想帶給你的愉悅感受。我也覺得視覺化你的願景和目標，可以幫助你更真實的體會，夢想已經實現時的實際狀況。

事先描繪你已經成功的影象，可以幫助你更清楚了解如何可以達成夢想的細節。想像你已經達到你想要的目標，例如提早過退休的生活，而在那樣的生活當中你是住什麼樣的房子、開什麼樣的車子，或者一年出國旅行幾次（幾次短程、幾次長程）的生活？細節越清楚，越有利於具體化目標的設立和實行計畫。想像是、假裝是、當作就是。弄假成真，把自己擺入想要的情境中，更有利於讓你以對的思考來達到目標。想像是、假裝是、當作就是。弄假成真，把自己擺入想要的情境中，更有利於讓你以對的思考來達到目標。

想像是、假裝是、當作就是。弄假成真，把自己擺入想要的情境中，更有利於讓你以對的思考來達到目標。

這個祕密就是吸引力法則！

你生命中所發生的一切，都是你吸引來的。它們是被你心中所抱持的「心象」吸引而來，他們就是你所想的。無論你心中想什麼，你都會把它們吸引過來。

「你的每一個思想都是真實存在的東西—它是一種力量。」
—普蘭特斯 . 馬福德（新思潮先驅，1834-1891）（摘自《吸引力法則》的前言）

另外「心靈雞湯」的其中一位作者 Jack Canfield 有一條成功法則：「Act as if」,「宛如已成功般地行動」。還有華德狄斯耐也說：「if you can dream it, you can do it.」也是同樣的印證。

具體目標設定的舉例說明：

A 先生的目標：10 年後退休

想要提早退休的 A 先生，考量他想要的退休生活，就是維持現狀，只是不用工作。現在的生活支出費用，包含房貸和所得稅的支出，還有大概一年兩次的海外旅遊。

第一個需要考量的就是他還在付房貸，在他 65 歲之前，除非他們提前還款或賣掉房子，不然可能還是要把貸款算在日常支出的費用裡，而稅的支出會因為他退休沒有主動收入而減少。目前生活上的支出加上房貸的支出，預估每年是新台幣 84 萬元。稍微少於他目前每年的支出一點，這是合理的，因為通常退休了沒有主動收入，生活會簡單一些，另外再加上稅金的減少。

我們就具體目標化他想要的退休生活，以每個月基本支出 7 萬元作為目標，看看他何時可以得到提早退休的財務自由狀態（退休生活支出＜＝被動收入），也看看他需要達到多少的投資殖利率才可以滿足他的需求，在 10 年後退休。

A 先生：

40 歲，想規劃 10 年後提早退休（延續前面評估資產與負債的例子）

現況：年收入 150 萬，年支出 100 萬與現年存款 50 萬，以及既有的可投資資產 200 萬。

A 先生的實際目標：

10 年後達到每年被動收入＝＞新台幣 84 萬元（或每個月被動收入＝＞新台幣 7 萬元）

（請參考附錄圖表③）

B 小姐的目標： 10 年後擁有自己的房子

一位想要擁有自己房子的社會新鮮人 B 小姐，現在完全沒有存款，也沒有任何可投資的資產。她頭一年努力存錢，第二年及第三年才有本金開始投資。在她設定買房子為目標的時候，就應該開始多看看房子，找出自己想要買的第一間房子、區域、地段、價錢、狀況，了解需要的花費。

以 B 小姐的年紀，10 年後買房子，大約會是以一房一廳或兩房一廳做為需求，所以她想要的地段決定目標房子的價錢。她決定以買 700 萬的房子是她的目標，以首購來說，我們以兩成的自備款，一成的簡單裝潢，大概 210 萬為她購屋的前段費用，而後段就是貸款，每月分期攤還的部分。

簡單來說，B 小姐的大目標是 10 年後可以買一間 700 萬的房子，而這個大目標之下，再把它拆開來分成兩個小目標，一個是頭期款加裝潢的 200 萬，另一個就是當開始本金加利息付的時候，每個月的貸款總額最好不要超過收入的三分之一或一半。不然你很容易因為每月貸款金額太大，壓力過大而付不出來。

B 小姐：

剛入社會的大學畢業生（大約 22 歲），想在 10 年後可以擁有自己的房子。

現況：年收入 36 萬，年支出 20 萬與 2018 年可存款 16 萬，以及既有的可投資資產為 0。

B 小姐實際目標：

1. 10 年後擁有一個 700 萬的房子。
2. 付出 140 萬頭款和裝潢費用 60 萬元。
3. 並且可以負擔得起未來 30 年每月房貸本金加利息的責任。

（其實初出社會的新鮮人，有很多財務上的基本功課要作，例如 : 建立自己的良好信用、設立財務上的安全網…等等，這些我們後面會更仔細的討論。）

（請參考附錄圖表④）

AsSet

Set Up A Plan that Works for You 設立一個對你有用的計畫

我們找到了我們的起點（現在的狀況）和終點（我們的夢想目標），那我們如何實現目標呢？這就是我們需要評估和佈局我們計畫的地方。

懂得自己設立基本的理財計畫，不僅可以省下請財務規劃師幫你規劃的費用 （以美國來說，通常做一個財務計畫的規劃，至少要收費 2,000 美元，還要加上你向他們購買金融商品的佣金支出），而且自己學會規劃的好處是：

第一，就算委託別人規劃，你還是要仔細思考和回答前面這些問題，才能有資料做為他們規劃的基礎。

第二，自己替自己計畫，你隨時可以自我評估和隨時依據目標或現況的變動而重新安排，不需再付出金錢和時間請委託人安排。

第三，就又回到我們之前提到的，畢竟是你自己的錢，全盤了解和計畫是很重要的。任何所謂的專家都不會有你這麼在乎你的錢。

除了省錢，自己做計畫的最主要功能，是讓你有能力創造一張屬於你的完整地圖，讓你動動腦想想如何走可以達成你的目標。透過作計畫這個過程，你或許發現你需要多存錢，你或許發現你需要想辦法讓你的薪水成長至符合你的預期。你或許不會天天回去盯著計畫看，**但當你做完了計畫，這些你該採取的行動項目（Action Points），**

在你心裡就種下了種子。只要你是認真的想做出改變，這些 Action Points，就會慢慢發芽，淺移默化地影響你的行為。

我最常聽到不願意理財的原因就是“好麻煩”、“我不知道如何開始，讓別人幫我做就好了”等等。把責任都推給別人，那之後就不要怪自己的錢在別人手中縮小了。其實計畫的部分雖然瑣碎，但走過整個程序對你的個人理財投資來說，是非常值得的。

或許你的理財專員、私人銀行家，或者具有國際認證的理財規劃師（CFP）都會願意幫忙稍微規劃一下，但客觀方面或許沒有你想的這麼好，畢竟他們的職務大部分都有績效考量，而大部分的績效指的都是客人向他們購買金融商品的金額，他們的業績獎金及收入也是與業績成正比的。就算你找得到少數不收取金融商品的佣金，只收財務規劃費的 CFP，所收的費用也真的是參差不齊，很難去評斷他們的服務是否真的適合你的需求。而且就算想找個專家規劃，你自己也要先對自己的狀況，以及如何達到你的目標有基本的了解，不然也很難找得到真正適合你的專業服務。

我們用之前 A 先生和 B 小姐的例子來延續，看看他們設立什麼樣對他們有用的計畫。

我們一步一步來，在前面已經列出他們的現況，以及實際的目標，接下來，做計畫時要先列出一些基本假設。

列出你的基本假設

在估算未來的財務狀況，有一些情況是必須要先做合理的假設的，以這些假設做為推算未來的基礎，如果推算出來的結果不合乎我們的預期，我們可以回頭來檢視我們的假設是否需要更改，以得到更符合我們的結果。

以 A 先生和 B 小姐的例子來看，我們都是以 2018 年的現況作為基準，假設之後可能的加薪幅度，作為自己未來工作薪水收入的預測及目標，支出也是以現在的支出作為一個基準，覺得自己可以節約支出到什麼狀態，或者支出的狀態也跟著收入狀態的假設增加。由此推算出一個合理的未來收入支出列表，也由此可以推算出未來存錢的目標。

（請參考附錄圖表⑤、⑥、⑦、⑧）

如何評估並調整計畫

在評估的時候，你將非常清楚你擁有什麼？收入多少？欠多少錢？可以存多少錢？您想達到什麼樣的具體目標？你有多少時間去達成？換句話說，你會發現在你的現況和你想達到的目標間有實際的差距！了解如何達到差距，有幾件事你可以重新檢查，以確保這個計畫是適合你去實現的。

1. 檢查你的目標對你是否切合實際？
2. 檢查你的目標收益是否可達到？
3. 檢查你目前的生活方式？

每個人實現目標的能力跟空間有些不同，必須要對自己誠實。如果這真的是你想要達成的目標，你是否可以給自己一些動力去盡力做到自己能做的，去完成計畫，達到自己的夢想目標！

（請參考附錄圖表 P184、P190）

如何設置安全網

許多人在開始財務規劃或投資之前，未能做到設置財務安全網這一點。沒有考慮或完成這一部分的規劃，會讓你的財務規劃因為有意外的事情或風險發生，沒有事先準備，而很容易脫離你想達成的軌道終極目標。如果有財務安全網的規劃與執行，你有更高的機會達成你的目標，而不會受到意外發生的風險影響。你的投資策略與你的計畫都可以承受更高的風險。

財務上的安全網是什麼？

「財務安全網」可以分成三個部分考慮：

1. 準備急用基金

2. 長期無收入的風險

3. 人壽保險的規劃

財務安全網的設立是為了保護你和你的家人（或者財務上依賴你的人），有部分是因為某些意外事件（如重大疾病或其他個人突發意外）而失去你的財務保障，或破壞你的長期財務目標。

請記得，你無法對所有事情投保（絕對保不完），也不應該嘗試（保費成本絕對不划算），但是你可以採取以下一些最基本且最具成本效益的措施，來開始建構你的個人財務安全網。財務安全網不是只有指一個儲蓄帳戶或保險，而是一個全面降低風險措施的基本財務組合。

1. 準備急用基金：

有時候也被稱為雨天基金。急用基金通常是活存帳戶中的一筆資金，專門用於如果有意外事件發生臨時需要急用。這些事件可能會帶來一些財務上的影響。例如暫時失去工作，或臨時發生的醫療費用，或者無法預料的家庭或汽車維修費用等。

它是你的財務安全網中最基本的部分，這筆錢的唯一目標應該是在緊急情況下可以馬上動用，並且在意外發生或緊急需要時，可以幫助你和你的家人避免因為沒有準備而需要去借高利率的錢。例如信用卡費、信用貸款。這就是為什麼這筆錢應該是你在正常的情況下，不要去動用的準備金。而且也要存放在需要時可以很快動用的帳戶上，但不建議放在是投資帳戶的部位，例如股票、基金、定存等等。雖然有些投資商品變現的時間也很快，但是臨時因意外的動用會影響你原本投資這個金融商品的投資策略，以及破壞原本預期的收益規劃。

那準備多少是足夠的？我的建議是至少 6 個月到 12 個月的薪水，但這個數字其實是非常主觀的，因人而異。也會因為自己規劃的工作，或生活上的變動而改變。

2. 長期無收入的風險：

不怕一萬，只怕萬一！所以考慮長期殘疾保險（在台灣比較像是殘障扶助險），如果你因疾病或受傷無法工作，這類保險可以幫助你取代你的基本收入。有些人認為這種保險是一種奢侈。事實上，對於那些沒有工作以外的其他經濟資源的人來說，如果長期患病或受傷，這種保險或許會是很大的幫助，而有其必要性。甚至即使你有其他財務資源，可能要問自己夠用嗎？你想用其他財務資源來長期支付每月支出嗎？這就要好好衡量一下自己的狀況。

應該要問自己這些問題：你和你的家人可以在沒有薪水收入的情況下生活 3 個月嗎？希望答案是肯定的，因為你已經建立了急用基金。

但如果沒有收入6個月？1年？或者是更久？如果你不僅沒有收入，除了維持生活支出、房貸費用，小孩學費，甚至還要增加醫療費用支出？如果你答案是否定的，你就應該考慮一下長期殘疾保險。

公司通常也會透過幫員工保團保，以公費（公司出錢）或自費（公司統籌，員工自費）的方式來補充勞健保不足的地方，只要是在職，就可以用這個保障。所以在考慮自己的保險之前，應先了解團保或甚至勞保有投保到的範圍（人資部門都可以詢問）。自己再依各人狀況考慮加強或補充不夠的地方，省下自己的保險成本。

另外其他類似的保險，例如：醫療相關的保險、意外險等等，其實只要想想你是否有家族病史，或工作生活方式以及環境的狀況，自我評估是否發生意外的機率相對較高，以及保險公司對賭理賠的機率，再來決定是否值得花這個保險成本。

舉個例子，我剛因為胸腺增生而必須開刀，開完刀後，我的保險業務員也是服務非常好，很快就幫忙安排理賠，因為是好朋友，她來拿資料的時候，我還故意吐槽她說，以我繳的醫療險費用，我大概至少要開超過3次刀以上才會攤平成本。我相對還年輕，以後的事還說不準。但我自己知道，其實準備好基本的醫療費用是很重要的，保險或許可以幫忙補貼一些有限度、額外自費的費用，但是不是真的划算，值得買這樣的保險呢？要知道保險公司也是一門生意，說到底他也是要賺錢的，當然也就是從客戶身上賺到錢。

因為過去的工作經驗，我認識許多壽險公司的經理人們，其實他們私底下都認為，只要自己有為自己的人生做好財務規劃，準備好錢，懂得理財，保險並不那麼需要。我很喜歡綠角在《The Ten

Commandments of Money》的讀後感中翻譯作者寫的，**「保險的核心精神是保你無法承受的重大損失（Not buy insurance so you don't have to pay out of your pocket）」**，而不是因不想自己掏錢付費而買保險。如果多保了你不那麼需要的保險，到時候可能你的保險成本遠大於原本自己應付出的費用，這樣的狀況就是保險公司的最佳獲利來源。請記住保險的基本精神，保障你無法負擔的重大損失，而不要被各式花俏的保險產品所迷惑。

3. 人壽保險的規劃：

如果你有伴侶、孩子及需要你扶養的家屬，如果你不幸去世的話，你的配偶會遭受負擔不起的經濟損失嗎？如果是這樣的狀況，人壽保險通常是你需要考慮，納入你的金融安全網的一部分。問問自己，如果我走了，我的家人將如何支付房屋貸款或維持基本生活需求？人壽保險旨在為你的經濟扶助人提供基本扶助資金，以便在他們因你的死亡而失去你的收入來源時，還可以獲得基本的經濟保障。

人壽保險不僅適用於為家庭養家糊口的人，也可以用於沒有朝九晚五工作的家庭伴侶或家人身上。例如：你的家人，或許是你的父母，或是伴侶，在家帶小孩維持家務，所以你可以無後顧之憂的工作。如果今天那位家人或伴侶不幸去世了，你需要付出額外的費用去找可以照顧孩子的保姆、日托或托兒所嗎？因此你需要獲得額外的幫助。你能根據目前的收入或準備金來支付這些額外、沒有預想到的費用嗎？

另外，許多人將人壽保險作為其遺產規劃和現金累積的一部分。或許人壽保險可以是你遺產規劃的一種工具，但請你與你的稅務專家確認規劃，因為目前各國的遺產稅制都不相同，細節部分沒有安排好，反而不會達到你原先想要的節稅效果。另一方面，如果你沒有依靠你扶養的家人，人壽保險可能不是你的財務安全網的必要部分，尤其台灣目前的人壽保險以身故給付為主，就是你走了以後保險公司才會給付給你的受益人，你在人世的時候沒有辦法享受這筆給付。

至於做為現金累積或投資，這時我就會請你回歸保險的基本精神，你付出保費，交換如果你無法承受的事件發生時，有一定的給付做為基本保障。想用保險賺錢，不如學會自己理財，成功的機率更高，節省付出不需要的保險成本。

如何選擇投資工具

> **問問自己**
>
> 1. 你想要多主動的去參與投資決策的過程？
> 2. 你有多少時間可以來管理你的資產？
> 3. 你有多少經驗值以及你需要多少幫助來做投資？
> 4. 你願意承受多少風險？
> 5. 你想要多少回報率？
>
> 達到財務自由的方程式 
>

1. 你想要多主動的去參與投資決策的過程？

前面我們有提過，你才是自己的責任。雖話說如此，但也可以有不同程度的參與和掌控。當然相對的，你想要把原本自己該做的工作請別人做，就必須付出一些費用。

依照不同的參與程度，有股票、ETF、共同基金等的差別。股票相對需要你自己做一定的研究和篩選，才能決定你的投資標的、投資策略和投資預期。相對共同基金與 ETF 也需要由你決定大的投資方向，篩選出適合你的標的，再決定哪個最適合你。共同基金因為是由一個投資研究團隊主動管理，所以相較之下費用會比跟著標的指數被動投資的 ETF 多一些。

但作為投資決定人，你做的努力跟所需的時間就會相對的有所不同，當然最主動、掌控最多的就是你自己做研究，直接決定哪個股票標的，相對需要的費用也會是較小的。以上舉例，讓你了解根據你能夠付出的時間和精力來選擇適合你的投資工具與方法。

2. 你有多少時間可以來管理你的資產？

老實說，我們都有一份正職工作，夠我們養家活口。省下來的剩餘薪水，可以讓我們再投資，繼續累積財富。當然，這份「投資理財」的工作，不能像我們朝九晚五的工作般，佔據我們大部分的時間。那一開始學什麼比較適合你就很重要，你如果得到對的建議，就能節省你的時間少走冤枉路。但說到底，投資理財有一定的基本功課要做，的確需要花時間找到適合你的方式，以及練習養成效率和習慣。至於需要多少時間，只要找到適合你的方法，練習就可以達到效率，的確和正職比較起來，不需要這麼多的時間。

另外，你的投資工具選擇和你想要付出的時間、精力和興趣也有關係。曾經有學員跟我說，她沒有時間，所以不想學太多東西，但在我們上完第一個月的課程，她發現有效率的學習開啟了她對投資理財的興趣，並且了解學習更多不同的方法，讓她有更多的選擇及機會成長她的財富。在短短的 15 個教練時數內，我們不僅讓她學習做了一個可以提早退休的十年計畫，我們也學習了基金及 ETF 投資、股票股息投資，還有價值投資的方法，和修正一些房地產投資的觀念和方法。無論你選擇哪種學習方法，你都需要花時間練習，才能來確保你的運用可以拿來幫助你，達到符合你想要的目標。。

3. 你有多少經驗值以及你需要多少幫助來做投資？

有投資經驗的朋友，是否可以回頭檢視過去的投資，是賺錢還是賠錢居多？找出什麼原因導致賠錢，並且制定出一些可以讓自己遵守的方向及方法，以確保不再犯同樣的錯誤。如果沒有辦法自己釐清，也可以找有經驗的人，願意給你關於投資學習與客觀意見的人。

如果自己是沒有投資經驗的人，需要怎樣的幫助和學習，才能幫助你跨出第一步，並且在你剛開始練習時可以隨時提問，讓你安心的面對各種可能的狀況。這些都是你可以考量自己是否有能力或有可信賴的資源，讓你可以放心學習新的投資方法或練習投資不同類型的商品。

4. 你願意承受多少風險？

投資工具都有其原有產品本身的風險和相關的市場風險，但徹底了解你投資的產品，設定及嚴格執行對的投資策略，及時檢視和安排投資部位，會減少投資者的總風險。

圖 5-4 針對幾個投資理財工具的大項，稍微列出產品大致的風險程度比較表。政府公債、貨幣市場基金、定存等等，大概歸類於較低風險的投資產品。股票、股票型基金、高收益債或高收益債基金、房

地產等大項歸類於中度風險。衍生性商品、期貨、選擇權、原物料、另類投資如奢侈品及藝術投資等等，歸類於高風險的投資。每一項都可再詳細比較風險高低，以這些比較普遍的投資工具來比較，讓大家清楚不同產品大概屬於何種風險，如果有類似的產品，也知道其風險屬性大概落在哪裡。

圖 5-4：投資工具種類的大約風險比較

大家應該知道，沒有投資是完全沒有風險的，就算是定存，也會有銀行倒閉付不出來的風險。只是這樣的風險發生機率非常的低，而且預先知道會有這樣的風險，我們在選作定存的銀行時，也會盡量選擇體質較好的銀行，而不是只看哪家銀行可以給非常高的定存利率。了解「風險」不完全是壞事，風險同時也是機會。所謂的「風險溢價」，指的是當你願意冒額外的風險時，你可以得到的額外報酬。所以重點是，你知道風險在哪裡。更重要的是能預期發生特定風險大概的機率，你可以依照當下未來的預期做評估。另外就是評估你能不能承受風險及最糟狀況的發生，這就是風險控管。

5. 你想要多少回報酬率？

大家都想要最高的報酬率，但是大家都不願意冒最高的風險，這是最讓投資人迷思的地方。我在我一開始學習投資的時候，誠實的問過我自己，我最高的風險承受度在哪裡，當時我給自己的答案是，「可以本金賠光，但不能負債」。所以我什麼金融商品都可以做，只有融資、融券等的相對槓桿投資行為我沒有做。所以，當然我可以預期我的回報率，應該說是風險調整過的回報率，要求就可以比預期的相對高，因為我願意冒計算過的風險。回報率也應該對應於你的投資標的性質，如果預期想要有較高的報酬率，你就不會去買政府公債，因為基於政府公債本身的性質，就不會有這樣的報酬率。

ASSEt

Establish 建立正確的投資心態

擁有正確投資心態的投資者，有更高的機會找到好的投資機會，並預防其投資的損失。

1. 了解你的選擇

這包括了解你想投資的投資理財產品，了解投資此產品有可能最好和最壞的狀況，以及影響投資的可能因素。投資者需要在做出決定之前仔細權衡所有選項，無論是買入還是賣出。對每項潛在投資進行一些試算，根據事實做決定。聽起來這是很簡單的一個步驟，但相對容易被忽略。

2. 風險不完全是你的敵人

了解風險的本質和如何在風險中保護自己，例如「安全邊際概念」（Margin of Safety) 的運用。

Seth Klarman 是一位很有名的投資者，本身是一位避險基金經理人及億萬富翁。著有《安全邊際》這本書（原文書名： Margin of Safety: Risk-Averse Value Investing Strategies for the Thoughtful Investor)。他說在一個極端高波動性、複雜、快速變化的世界，安全邊際要透過以遠低於市價的價格買入投資證券來達成，以降低人為的錯誤、壞運氣，或極端的波動性帶來的影響。

另外也要知道，如果完全不願意冒任何風險，可能會導致你錯失大量良好的投資機會。但對風險完全不設防，也可能導致魯莽衝動的投資，而造成原可事先避免的巨額損失。

3. 管理你的情緒（例如恐懼、過分自信等等）

如果你要以合乎邏輯且有目的性的方式投資，那麼從投資決策過程中消除非理性的情緒因素是非常重要的。普通的投資者專注於減少出錯，而不是看到機會。能夠在市場表現非常糟糕或美好的任何時期，堅持你的投資原則，而不會因為情緒影響而做出不該做的投資行為。所有人都有情緒，情緒與個性有關，是一件非常個人的事情。因此，培養正確的心態通常是自己需要觀察自己，並且調整的一個過程，願意開始去了解並變得更好，這也就是所謂的「自我成長」。

在投資的時候，最危險的心態之一就是恐懼。**當你處於恐懼狀態**

時，你做出正確決定的能力就會受到影響。如果在市場崩潰期間，你允許恐慌主導你做投資決定，因為害怕市場表現而賣出時，你會賣出在市場非理性表現的超低價，並馬上鎖定損失的風險。

我曾經在 2008 年金融危機期間，股市崩潰多日，沒有人知道底部

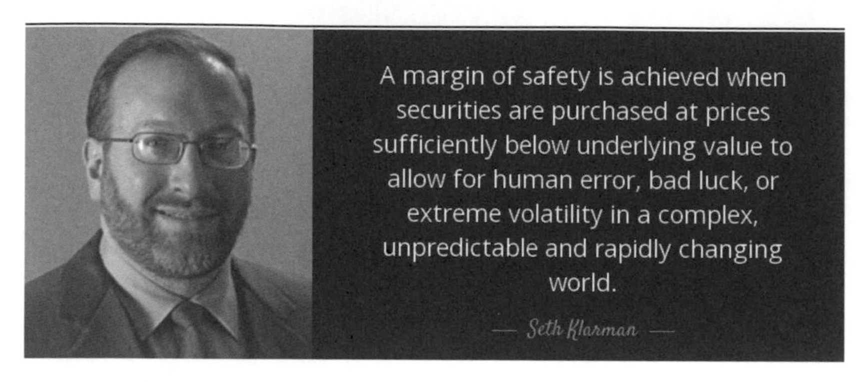

在哪裡，市場上人人恐慌，都說你必須保護自己（趕快）離開市場，我於賣掉我大部分的持股，在 3 天內損失了超過千萬新台幣！而且賣在市場相對最低點。退一步，檢查你當初投資的決策過程，了解當初可能影響投資的因素是否有改變，基本面是否依舊。如果基本面沒有改變，一旦當前市場的理性恢復，市場波動趨於平穩，資產價值可能就會恢復。改變你的情緒心態，你可以避免犯大錯。就像我在 2008 年股市大恐慌中，因為恐懼而賣在市場的最低點，結果就損失了千萬。

4. 投資需要練習及指導

一位獲得奧運金牌的運動員，需要透過正確的訓練指導與持續不斷的練習，再配合教練的指導開發潛能，才能創造出驚人的成績。大部分的技能，我們都要透過一定的學習和練習才能做得好。

現代人除了期待能有一份穩定的工作及收入，並渴望能早日達到

財務自由，對投資理財的心態或許較隨性與夢幻。能真正擁有提早退休實力的人並不那麼多，很大的原因在於沒有計畫，沒有及早開始學習，以及持續的練習或提早發展，讓自己達到目標的技能。找一位自己信任並願意傾聽，適合你的財務教練，你可藉由教練的經驗給你正確的指引避免兜兜轉轉浪費時間，藉由有經驗的教練，幫助自己看見在計畫執行上的盲點，並突破自己的限制，讓自己越做越輕鬆。

5. 當其他人都害怕的時候，你要貪婪；當其他人都貪婪的時候，你要害怕（Being greedy when everyone else is afraid and be afraid when everyone is greedy.）—華倫巴菲特

投資者應該擁有自己清楚的投資理念和切確的投資原則，而不要盲目的跟隨著別人。越清楚自己原則的投資人，可以看到別人忽視的機會及危險，而不會跟著市場起舞。這看似容易做到，但當你身在市場，很容易感染別人的情緒而很難相信自己的判斷。回頭看我過往的投資經驗，有幾次最成功的投資都是勇於相信自己的判斷。舉個最近的例子，在大家都害怕中國市場因中美貿易談判居於下風，導致中國 A50 ETF 在 2019 年的 1 月下跌到一年來的低點，而我就決定應該買進一些，而到現在，就算市場因中美貿易議題動盪，我也還有將近 20% 的獲利。

AsseT

Tactical Execution 有策略的執行計畫

任何完美的計畫，都需要有效率的執行，否則它只是一個計畫，只是一個紙上談兵的計畫。那如何執行你的計畫來縮小你和目標之間的差距呢？

1.Build 建立良好的習慣

每週留出時間專注於你的理財投資活動，包括了解主要市場資訊，例如：我自己每天大概花 15 分鐘到半個小時，看一些國內外財經新聞或研究報告，如果有發現相關到我的投資部位時，就會確認一下這個事件是不是只會造成短期波動，還是會影響到我原本長期投資策略的預期。我還會每月定期花一個小時，檢視我整個投資部位的變化，有沒有需要調整等等。將投資視為一項持續的功課，而非業餘愛好，建立並執行投資策略。設定好令人興奮的目標，考慮不同的狀況該如何調整，改變策略，讓你在不同狀況發生時，有動力持續執行預先安排好的投資策略。並定期檢查你的進度，以確保你能逐步實現這些目標。

2.Understand 了解你的優先順序

具有投資者心態的人，願意為長期目標的實現做出短期慾望的犧牲。**了解存錢、學習、練習、投資自己等等必須優先做的事**。換句話說，他們有能力優先考慮，能幫助達成他們目標的事，而將容易讓自己偏離目標的誘惑先放一邊。

3.Invest 投資自己

願意面對自己的不足，投入時間、精力、金錢，建立你需要的知識、技能，幫助自己更有能力可以更快的達到你設定的目標，包含如何增加薪水收入，增加理財知識等等。我到現在也還在不停地學習新的方法，尋找更適合自己現在的狀況的理財方法。理財投資的世界日新月異，先將基本的觀念基礎打穩，剩下的就只是學習技巧，正確的基礎建立，就可以清楚判斷哪些是好方法，哪些是不適合你的。

4.Learn 從過去經驗中學習

每個人都會不時地犯錯和經歷挫折。投資真正的失敗在於放棄，一旦你放棄，出清部位，那一切的損失就確定了。成功的投資者能在每一次投資的過程中，重新檢視哪裡可以做得更好，記取經驗。無論結果如何，都把過程視為必要的學習過程，保持健康的心態，勝不驕、敗不餒，無論發生什麼情況都能保持積極態度。

你的經驗累積，會幫助你在判斷未來市場波動和調整投資組合有更好的反應。了解你做錯了什麼，不要重複同樣的錯。如果你繼續做同樣的事情，你會得到相同的結果。**打破你的舊慣性，嘗試新的方法，沒有失敗，只有經驗的累積**。

5.Develop 由好的導師帶領成長

一位適合你的導師可以為你提供快速、正確的學習方向，幫助你了解如何為自己選擇合適的投資工具。你將有信心為自己做出最佳投資決策，並理解原因，同時有耐心等待市場給你的回報。導師可以是家庭成員、朋友、過去或現任教授、同事，或對投資有了解、有成功和失敗經驗的個人。

一個好的導師願意回答問題、提供幫助，推薦有用的資源，並在市場變得艱難時提醒你保持平常心，不要亂了投資腳步，督促你成長。過去和現在的所有成功投資者，在早期都有找到適合的導師陪伴，像 Warren Buffett 求教於 Benjamin Graham。

執行計畫是由達成無數個小目標才達成你的終極目標，而到現在，就算市場因中美貿易議題動盪，我也還如何可以讓自己更有動力往下走，是持續達成小目標及達成終極目標的關鍵。統計上發現，女性朋友較喜歡一路持續用小獎勵來激勵自己繼續走下去，男性則較喜歡在階段性目標或終極目標達成後給自己一個相對大的獎勵。如此便有動力不斷朝著目標前進，較不容易因挫折而中途放棄，找出適合自己的獎勵方式也是有效執行計畫的一部分。

「The way to get started is to quit talking and begin doing~~ Walt Disney」

有效率的執行計劃

- **Build 建立良好的習慣**
- **Understand 了解你的優先順序**
- **Invest 投資自己**
- **Learn 從過去經驗中學習**
- **Develop 由好的導師帶領成長**

六.建立金融信用的重要性

現代人常會利用不同方式的貸款，來取得多一些的資金幫助自己圓夢或投資理財，例如：房貸、車貸、助學貸款、信用貸款等。但很多人並不了解，在你貸款的時候，發現你沒有辦法和金融機構談到更好的貸款利率，或沒辦法借到你需要的總數，甚至被退件，導致你無法達到你原本想達成的目的，或者你需要付出更多的成本，其實這些都和你的金融信用有很大的關係。

良好的信用紀錄有助於目標及早達成

小到申請信用卡，大到辦理分期付款、房屋及汽車貸款、現金卡、信用貸款等交易，已經是現代人的生活常態需求。金融機構也需降低自身的呆帳風險，而有一定審核的機制及考量的因素。最基本一定會列入審核的條件，除了現在的工作收入狀況外，另外一個重要的依據，就是金融機構從聯合徵信中心，調閱出來的綜合信用報告。你的綜合信用報告是你作為貸款人過去付款的紀錄，反映出你的財務狀況與準時償還債務的能力，也是銀行拿來衡量，未來貸款給你的風險評估上最重要考量。透過你的信用報告的狀況，銀行還會用不同的參數去計算出你的信用分數作為他們放款的考量。所以，如同聯合徵信中心的提醒—**「一份良好的信用紀錄是經由長時間的累積而來；珍惜信用，請從當下開始」**。

我發現很多人並不知道，要好好維持你的信用這基本的概念。我諮詢過不少人，不管是初入社會，或已經是職場經驗充足的亞洲區主管，都不一定知道維持好的信用可以財務上幫他們爭取多一些資源，省下更多借貸的成本。有不少人在和我談過後捶胸頓足，馬上將因為懶散而沒付的信用卡帳單還清，或趕緊想辦法把循環利息付清。但並不只是付清那麼簡單，還需要時間恢復及累積你的良好信用。大部分來找我諮詢的年輕人，通常 10 年內想達成的目標，大多是想有足夠的資金買房子。尤其像這麼大本錢的投資，大部分的人都需要有房屋貸款這樣的工具來幫助才能圓夢。那如何建立良好的個人信用，就必須提早開始建立自己的信用紀錄，並持續小心的愛惜自己的羽毛。

信用評分制度在美國、英國早已存在很久，目前大部分的亞洲國家也都有類似的制度實施。找我諮詢的人遍佈不同國家，有香港、新加坡、美國、加拿大等等，每個國家的信用評量制度稍有不同，但各個徵信單位的網站都有詳細的說明。台灣是由聯合徵信中心蒐集個人與企業信用報告，並發展個人與企業信用評分、建置全國信用資料庫，以提供經濟主體信用紀錄及營運財務資訊予會員機構查詢利用，進而確保信用交易安全。

換句話說，如果你今天申請貸款，你申請的金融機構就會向聯合徵信中心申請你的信用報告，來了解你的個人金融信用程度，包括你和所有金融機構的貸款紀錄、還款狀況、跳票紀錄和你名下的信用卡使用與還款的狀況。另外各金融機構、票據交換中心等也會定期上傳你的信用紀錄予徵信中心做整合，每月持續更新你的信用報告。

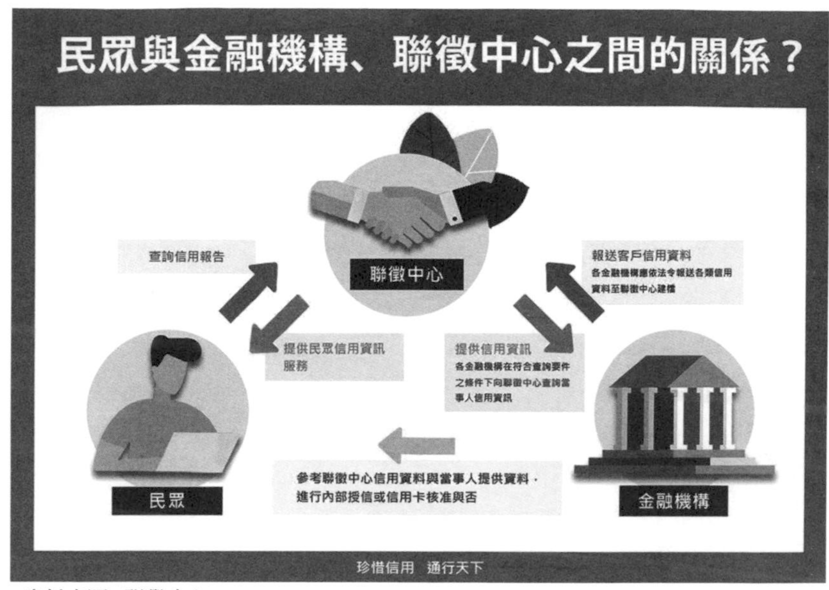

(資料來源 : 聯徵中心)

如何從最基本做起，開始建立自己良好的金融信用？

如果完全沒有金融信用活動的紀錄（開戶、存錢、提款並非信用活動），現在就要開始有建立良好信用紀錄的習慣。最基本可以從申請一張信用卡正卡開始，請盡早申請。就算額度低也無所謂，因為只要你的使用正常、還款正常、無拖欠紀錄，通常一年後，你都可以向信用卡公司要求提高額度。

我在出社會一年後，就申請了屬於自己的正卡。越早開始累積你的優良信用，就會有較好的信用評分。盡早申請並使用信用卡，但不要因為有新的優惠而一直剪卡換新卡，因為你的信用紀錄的時間長短也會列入信用評分的考量。這些都對你的信用歷史的累積沒有幫助。使用信用卡時，也盡量不要使用到太逼近你的信用卡額度。例如：你

【信用卡資訊】 台端尚在揭露期限內之信用卡資訊列示如下：(單位:千元)

發卡機構	卡名		額度	發卡日期	停用日期	使用狀態
香港上海匯豐	VISA	白金(正)	312	93/09/30		使用中
合作金庫銀行	VISA	白金(正)	150	88/02/22		使用中
聯邦銀行	VISA	普卡(附)	15	90/07/21		使用中 主卡人：K200XXX456 吳O英
台北富邦銀行	VISA	普卡(正)	90	86/01/01	101/11/06	一般停用:申請停用
萬泰銀行	VISA	普卡(正)	100	92/01/15	100/06/06	一般停用:期滿不續
農民銀行	VISA	白金(正)	150	98/05/06	100/06/18	一般停用:業務移轉或被併購
國泰世華銀行	MASTER	金卡(正)	120	87/12/25	102/12/02	掛失停用:遺失
京城商銀	MASTER	普卡(正)	50	98/02/26	102/08/16	強制停用:款項未繳
台北富邦商銀	VISA	普卡(正)	90	95/10/09	102/12/23	強制停用:款項未繳
台新銀行	MASTER	白金(正)	210	89/12/15	102/03/29	強制停用:欠款繳清 (繳清日期:104/09/18)
聯邦銀行	VISA	金卡(正)	80	100/01/01	102/04/01	強制停用:款項未繳 債權已轉讓 繳清日期:104/08/26 (資產管理公司函告)
華僑商業銀行	VISA	白金(正)	120	92/01/08	103/10/13	偽冒停用:被冒用
中華銀行	VISA	金卡(正)	130	99/07/28	102/05/08	強制停卡:信用貶落

※使用狀態欄若有款項未繳訊息者，信用卡雖已停用，但在停卡資料保存期限內，發卡機構仍可能持續報送延遲繳款資料。

圖 6-1 資料來源：聯徵中心

【信用卡戶帳款資訊】 台端尚在揭露期限內之信用卡戶帳款資訊列示如下:

結帳日	發卡機構 上期繳款狀況	卡名	額度(千元) 本期應付帳款(元)	預借現金 未到期待付款(元)	結案 債權狀態
104/11/03	第一銀行	AE(CREDIT)	120	有	
	繳足最低	無遲延	82333	3356	
104/11/03	華南銀行	VISA	150	無	正常結案
	全額繳清	無遲延	26651	6896	
104/11/03	高雄銀行	VISA	150	無	
	全額未繳	遲延未滿3個月	30614	0	催收
104/10/01	上海銀行	VISA	190	無	協議清償
	全額未繳	遲延6個月以上	0	99	呆帳 (清償日期:104/09/22)
104/10/13	台新銀行	JCB	150	無	
	不須繳款		0	0	
104/10/20	中國信託	MASTER	120	無	
	全額繳清		-948	0	

圖 6-2 資料來源：聯徵中心

你的信用報告上會有你向銀行借款的資訊，除了信用卡之外，你和其他任何的金融機構有借款的話，也請你要正視準時繳款償付的這個承諾。因為只要你有授信異常的紀錄，會有 3 到 5 年的揭露期間，即使是貸款後來已經繳清，在揭露期間你的信用分數依然會受到影響。如果你與金融機構往來有異常後，又維持正常繳款，經過一段時間，你的信用分數還是會慢慢回升。

另外，各金融機構每月 10 日前報送前一個月分的授信資料給聯合徵信中心，聯合徵信中心於每月 15 日左右更新前一個月的資料。所以

【銀行借款資訊】104年10月底，台端在國內各金融機構一般科目訂約金額與借款餘額如下：

金融機構名稱	訂約金額(千元)	借款餘額(千元)	科目	最近十二個月有無延遲還款
第一商業銀行中山分行	*********200	***********1	其他短期放款	無
(上筆借款餘額列報1(千元)之原始金額為1,299元)				
彰化銀行大同分行	***** 27,500	*********784	其他短期放款	無
(上筆貸款清償日期：104年11月9日)				
台新銀行三重分行	*********300	*********251	中期擔保放款	無
中國信託銀行新竹分行	*********500	***********1	現金卡放款	有
(上筆現金卡放款可動用額度：*********70千元)				
(上筆借款餘額列報1(千元)之原始金額為350元)				
日盛銀行延平分行	***********95	**********89	中期放款	有

圖 6-3 資料來源：聯徵中心

【逾期、催收或呆帳資訊】 台端逾期、催收或呆帳資料尚在揭露期限內之資訊如下：
(資料日期至 104 年 10 月底)

金融機構名稱	年月	金額(千元)	科目		結案年月
中國信託商業銀行敦北分行	102年10年	*********310	逾期	中期擔保放款	10212
中國信託商業銀行敦北分行	102年11年	*********780	催收	中期擔保放款	
萬泰商業銀行城東分行	103年07月	**********19	催收	其他短期放款	
萬泰商業銀行城東分行	103年08月	**********12	催收	其他短期放款	
萬泰商業銀行城東分行	103年09月	***********1	催收	其他短期放款	
(上筆借款餘額列報1(千元)之原始金額為105元)					
合作金庫銀行南豐員分行	102年08月	**********62	呆帳	長期擔保放款	
合作金庫銀行南豐員分行	102年09月	**********62	呆帳	長期擔保放款	

圖 6-4 資料來源：聯徵中心

申請日期的不同，也會影響到報告狀況，如果你希望金融機構看到你已經還完之前的貸款的話，這也是需要列入考量的。

另外信用報告中還會列出「被查詢紀錄」，會揭露最近 3 個月內向聯徵中心查詢你的信用紀錄的金融機構。你的「被查詢紀錄」3 個月內如有太多家金融機構申請調閱你的信用報告，容易給其他的金融機構認為你是否有信用不佳的狀況的印象，因為同時有多家金融機構來調閱，表示你一直沒有借到款項，表示其他金融機構願意給你的貸款條件都不好或不願貸款給你，所以你一直密集的找別家談。

或是銀行可能解讀為你近期向多家銀行申貸，有積極擴張信用的風險。所以，留待你已經作過利率和貸款條件的比較之後到篩選只剩一兩家銀行，才授權銀行調閱信用報告是比較好的。或者在讓銀行正式向聯徵中心查詢你的信用報告之前，你可以自己先向聯徵中心申請一份信用報告，每人每年有一次可以免費申請信用報告的優惠，並用這份報告請各銀行先行評估可借款額度及條件，以利你比較決定向哪家金融機構貸款。當你決定後，再讓銀行依內部程序正式申請你的信用報告。

【被查詢紀錄】最近三個月內(不含查詢當日)查詢　台端信用資料之金融機構如下：

查詢日期	查詢機構	查詢理由
104/10/15	萬泰商業銀行信用部	原業務
104/10/16	香港上海匯豐銀行板橋分行	帳戶管理
104/10/16	台新銀行新竹分行	新業務
104/10/20	日盛銀行桃園分行	公開資訊
104/11/27	中國信託商業銀行敦北分行	其他/取得當事人同意
104/11/30	台灣銀行民權分行	其他/依法律規定

圖 6-5 資料來源：聯徵中心

有些人認為自己不需要借錢，而沒有積極建立自己的信用歷史。如果你平時沒有與金融機構有借貸的紀錄，或沒有信用卡使用的歷史，或歷史小於 3 個月，信用機制就沒有辦法評分，會出現「無法評分」的狀況。雖然說「無法評分」並不代表信用不良，但的確說明你沒有信用借貸的經驗。所以至少建立良好的信用卡使用紀錄，已備未來臨時需要的借貸需求發生。

以上討論與個人較相關的信用報告項目，請愛惜並好好的建立自己的金融信用吧！在你需要的時候，貸款利率是你投資理財的成本，借的利息可以越低，你的成本就越低，風險也就越低，獲利的機會就越高。現在每個人每年度都可以有一次免費查詢的機會，聯合徵信中心的網站可以使用「個人線上查閱信用報告服務」直接線上申請，現在何不就來看看自己的信用狀況如何！

七.金融商品的投資

金融商品的種類繁多，各種產品還有不同的投資方法及策略，這裡則不特別著墨於投資技巧，只討論大概的優缺點，分享我自己的使用方法，讓讀者你知道有各種不同投資方式。最重要的是讓各位了解，每個人適合的方法不同，哪種方法才適合你的投資個性、習慣及預期回報，是你必須要做的功課。

股票投資

優點

1. 易於執行：只需開一個股票帳戶並準備好資金。
2. 多空兩個方向都可以賺錢。
3. 投資回報可以非常豐碩。
4. 資訊很豐富。

缺點

1. 與眾多專業人士競爭。
2. 你可能一下失去所有一切，但也可能賺得比通貨膨帳多得多。
3. 資訊太豐富 ，學習如何可以及時正確的解讀是重點。

不同方式的股票投資

基本主義者

著重以基本面分析來檢查公司財務，與其競爭對手比較，還有公司所處的產業及經濟的健康和成長程度。研究與公司相關的一切，如財務報表（資產負債表、損益表、現金流量表等）、管理層狀況、競爭對手、產品、經濟、產業狀況等。需要具有豐富的金融及產業知識，但也要花費很多精力和時間來研究。喜歡細節和研究的人會很享受分析的過程，只是每個人的能力都是有限的，即使對於專業股票研究分析師來說，也無法完全有效覆蓋追蹤整個市場中的所有公司。但基本面分析是一種透過研究財務報表上的數字，與公司、競爭者及產業的狀況來找出值得投資的公司的方法，找出的標的公司，財務狀況會較堅固，擁有比較值得長期投資的價值。

我曾經在資產管理公司的投資研究部門，擔任新進的股票分析師一段時間，當時我們是 10 個人的團隊，以產業別區分彼此研究涵蓋的範圍，每個人手上大約負責一兩種產業。但即使研究是我們的正職工作，每個人能主要密切關注研究的公司大概也只有 20 家左右，而且一個月能真正去拜訪的公司也只有這麼多家。看完後還要花時間做財務預測、產業進展、買賣價建議，並持續追蹤其基本面的狀況和股價表現，確定是否符合預期，或需要進一步調整。當一個正職的股票分析師能全心專注於基本面的了解、追蹤，能顧及的公司範圍也還是有限，更別說是非專業的投資人了。

喜歡基本面研究的人，如果可以先運用有系統的篩選方式，找出特定有潛力的公司深入研究、追蹤，也是一種成功又有效率的方法。

技術分析

技術分析並不關心公司的財報表現或產業狀況。技術分析只根據過去股價的表現、趨勢、價格和交易量進行評估，找出過去股價表現的模式，用以預測確定未來股價的趨勢和表現模式。相對的，技術分析是一種偏向短期投資的預測方法。技術分析是一個有效作為發現股票買進與賣出機會的工具。如果使用者沒有對技術分析的方法有足夠的知識，解讀的結果通常會因人而異。

既然技術分析只依據股價、交易量的歷史表現，來作為預測的基礎，如果你不確定投資標的的基本面狀況，只使用技術分析作為你的買賣決策工具的話，風險相對會更高。如果可以先用基本面的一些指標數字作為篩選投資標的的原則，再配合技術分析作為找出買進與賣出時機的輔助工具的話，投資的風險會因為經過雙重工具的驗證而降低許多，進而提高了勝算。

短期交易

短期交易意味著頻繁的買賣股票活動。可以用各種不同的研究分析方法，或純粹認為有短期獲利的機會，而做出買進和賣出股票的決定，如基本面研究、收集市場訊息、技術分析等等。然而，短期交易本身意味著，快速且頻繁的不停進出交易，只願意短期持有，這種投資策略與買入並長期股票投資相當不同。典型的股票短期交易者需要一直不斷的監控市場的變動，以及快速頻繁的買賣股票來累積利潤。這是一種相對高壓和耗時的股票投資方法，當然交易的成本也會比長期持有的方式來得高。另外，你也必須支付訂閱即時市場資訊作為交易的基本工具。

當我剛剛開始投資時，我發現自己很容易變成短期交易，只要市場有任何消息出來，我就很容易受到影響，賣掉我手上的股票。最主要的原因是我沒有做好功課，沒有徹底了解我買的公司，沒有充分的理由讓我抱著有投資價值的股票，而容易忘記當初為什麼投資。

大部分時間我會怕沒有跟上市場的消息或變動，也因為對我買的公司沒信心，因此很容易受到影響賣出股票，造成我所做的大部分交易都只賺取了有限的資金。我身邊有幾位認識多年的資深交易員，甚至升任到銀行和證券公司的交易主管，但不管交易公司的部位有多厲害，在處理自己的投資時，總是沒辦法達成自己設定的財務目標。甚至有一位交易主管在多年後轉行後告訴我，他發現他以前分秒必爭及無時不刻的不敢離開財經系統面前，深怕他錯失交易的機會，他覺得實在太累了，而且大部分收穫並沒有達到他最低的預期，所以一旦他有機會可以轉行，他毫不猶豫的趕快轉行，因為短期交易的工作實在太累了。

價值投資（Value Investing）

價值投資是一種相對簡單的策略，你不一定需要具有深奧的金融知識，但需學習如何找出公司的真正內在價值，以及找出值得投資的股票價位。我大部分將價值投資策略運用於找出長期增長的機會，納入我投資組合的一部分。如果你有一些基本的財經常識和耐心，以及願意花些時間做一開始的選股和計算，你就可以成為價值投資者。價值投資的奉行者最有名的就是巴菲特、葛拉漢和彼得林區等。

價值投資的 5 個基本概念：

1. 每一家公司都有它的內在價值，內在價值不等於股價表現。
2. 安全邊際的觀念。
3. 市場不是有效率的：價值投資者認為，有時股票相對於其真實的內在價值被低估或被高估。例如：因為經濟表現不佳，投資者因一時恐慌而出售股票，那時股票可能被低估。或者股價可能因為市場資訊過於樂觀而被高估。如果有辦法找出這些時機，這就是價值投資者的機會。
4. 需要耐心和努力。
5. 是一種長期投資的策略。

（整理自：https://www.investopedia.com/university/value-investing/value-investing1.asp）

透過整理並結合不同老師的方法，我用以下 5 個指標進行價值股票投資目標篩選，篩選過去 10 年或 5 年期間符合以下條件的公司。

1. ROE >= 10% ，保持持平或增長
2. 營收成長率 >= 10%，持平或增長
3. 每股淨值成長率 >= 10%，持平或增長
4. 每股盈餘成長率 >= 10%，持平或增長
5. 營業現金成長率 >= 10%，持平或增長

另外我以 15% 作為最低投資報酬率的設定做計算，以及應用安全邊際觀念做為買進成本的判斷。價值投資會運用一些方法，可以計算出股票的未來價值，然後折算回來到現在的價值。但如果你以折算回來的現在價值來做為你的股票購買成本，那麼你只是以現在認為的價值購買，並沒給自己留下任何安全獲利的空間。因此，以便宜的價格購買很重要。舉例來說，如果你將安全邊際設置為你認為的未來價格折算回來現在價值的 80%，那麼你以預計 80%的成本購買股票，並在市場沒認出該股票的價值時，為你自己創造一個安全的獲利範圍（你有 20% 或更多的空間獲利）。

許多篩選網站也提供巴菲特、葛拉漢和彼得林區，或網站自創的篩選方式，你也可以試試使用其他投資名人的篩選方法。但請注意，重要的是你應該要去了解每個數字的含義，以及為什麼使用它們的原因，了解的越清楚你就能整理出更適合你自己的篩選方式。

高股息投資（Dividend Investing)

高股息投資是一種長期股票投資策略，旨在透過買入和長期持有高配息股票，創造持續的股息收入。從長遠來看，它們一直為投資者提供穩定的股息。但請注意，高配息股票不是配息越高越好而已，更重要的是它要有過去長期持續的配息紀錄，也就是說未來公司持續配息的政策不變。長期比高配息好，我們要了解股息投資重在持續性。另外也要了解這類股票的天性，高股息股票的波動性相對較小，當市場樂觀時，高股息股票的漲幅會比大盤少；當市場表現不佳，高股息股票的跌幅也會比大盤少。

這幾年我因為退休，也多使用這策略投資，因主動收入少了，相對配息的稅務負擔也減少。在使用高股息的投資策略之前，請先要了解你所需報稅地區的相關於股息收入的稅負規定。提醒各位，2018 年將於今（2018）年施行，明年5月申報所得稅時適用。其中，針對股利所得稅改採取二方式擇優適用，對於股民要怎麼選才有利，會計師表示，要看申報綜合所得稅的稅率是在20%以下，還是在30%以上。

資誠聯合會計師事務所稅務法律服務會計師洪連盛表示，股利所得稅改採取二方式擇優適用，一是股利所得合併計稅，可抵減稅額比率8.5%，上限8萬元，或選擇單一稅率28%分開計稅合併申報。

洪連盛表示，若申報綜合所得稅的適用稅率是在20%以下的民眾，可選擇股利所得合併計稅，並使用8.5%的抵減稅額；若適用稅率在30%以上的民眾，則適合選擇股利分開計稅合併申報。

鉅亨網記者許雅綿 台北 2018/01/19

起，台灣有相關於股息收入的稅負部分也有一些調整。

（資料來源：https://news.cnyes.com/news/id/4020941)

債券

優點：

1. 你可以預期在債券到期時，你會得到完全的本金返還和已知的債券配息。
2. 風險較（股票或股票基金）低，波動性也較低。
3. 債券有公開的評等系統，幫助投資者了解各債券的風險排序。

缺點：

1. 回報有限。

2. 從長期來看，不能贖回，必須持有到期或賣出。
3. 投入的門檻金額比較高。
4. 如中途賣出，市場流動性較差，有價差的風險。
5. 對利率風險敏感。

通常相較於直接投資債券，投資債券型基金甚至更靈活、方便，風險與回報差不多，但是可以隨時贖回變現，購買金額也比直接投資債券的門檻低很多，幾千元即可；債券型基金流動性也靈活許多。有一些債券型基金專注於公司債券，其他債券基金專注於國家公債或市政債券，還有一些專注於垃圾債券（高收益債）。

我自己不會直接投資於債券，因為它缺乏我需要的靈活性和以及債券的回報率較低的性質。但是，在股市動盪時期，我偶爾會將部分資金存入債券基金。有很多不同類型的債券基金可以選擇，你可以找到適合你的投資需求（依投資時間的長短、預期收益的目標等等），並且可以從少量金額就開始，相較直接購買債券本身方便。

許多台灣人喜歡投資固定配息的高收益債券基金，每月收取高額配息。這類基金通常投資的是風險較高的公司債，公司債的風險與公司的償債能力有關。償債能力越低，風險越高，相對它需要配較高的利息來吸引投資人投資。常有人因為「高收益債券基金」是債券基金，而忽略了更進一步了解這類產品，以為風險與一般公債相同。不同債券基金的風險跟基金投資的債券內容有很大的關係，所以要了解清楚基金的投資方針。

另外如果基金表現這麼好，為什麼基金不讓股息再投資，通常是為了吸引有特定需求的投資人。例如退休的人，需要每月有現金流來支付部分支出。不過有一點需要特別注意的是，基金配息通常不會是固定的，而基金也並不總是因為表現好而配息，基金表現不好的時候，也還是會配息以迎合投資人的口味，只是要了解這高額的配息是從你的投資本金來的。如果基金持續表現不好，變成一直以本金支付配息，那基金的價值也就會減低，這就失去了你當初投資這類基金的初衷。

共同基金（主動式管理基金）

優點：

1. 多樣化的產品可以選擇。
2. 流動性高。
3. 有人為你管理。

缺點：

1. 多樣化：稀釋你的利潤。
2. 有人幫你管理，相對的，你需要支付管理費用，以及前／後端（手續）費用，一定比自己直接投資於股票市場高，畢竟有專業的團隊替你管理，另外或許還有其他的隱藏費用。
3. 如果你的經理人濫用其權力，可能會有許多未知的狀況發生，例如：不必要的交易、中間人條件交換以及許多做帳的技巧等等，會讓投資人誤以為基金表現不錯。

投資基金除了上述的優缺點之外，其實本身就是一樣懶人的投資，因為我們已經將原來自己要做的選股投資的工作，付費交付給基金經理人來幫我們做。但除此之外，你還是有責任要做大的決定，例如：什麼產品別的基金、什麼區域，或國家、產業。先選擇投資哪類型的基金，才再來篩選適合的基金，而這個部分就要以 Top-Down 的方式來挑選和決定你的投資範圍。

何謂風險收益等級？

中華民國銀行公會針對基金之價格波動風險程度，依基金投資標的風險屬性和投資地區市場風險狀況，由低至高編制為「RR1、RR2、RR3、RR4、RR5」5 個風險收益等級，見下表：

等級	風險度	投資標的	基金類型
RR1	低	以追求穩定收益為目標，通常投資短期貨幣市場工具，但不保證本金不會損失。	貨幣市場型基金
RR2	中	以追求穩定收益為目標，通常投資於已開發國家政府公債或國際專業評等機構評鑑為投資級之已開發國家企業債券，但也有價格下跌之風險。	已開發國家政府公債基金，投資級（如 S&P 評等 BBB 級，穆迪評等 BAA 級以上）之已開發國家企業債券基金
RR3	中高	以追求兼顧資本利得及固定收益或較高固定收益為目標，通常同時投資股票及債券，或投資於較高收益之有價證券，但也有價格下跌之風險。	平衡型基金、非投資等級之已開發國家企業債券、新興市場債券基金

RR4	高	以追求資本利得為目標，通常投資於已開發國家股市，或價格波動相對較穩定之區域型股票基金，但可能有很大價格下跌之風險。	全球股票型基金、已開發國家單一國家基金、已開發國家之區域型股票基金
RR5	非常高	以追求最大資本利得為目標，通常投資於積極成長型類股或波動風險較大之股市，但可能有非常大價格下跌之風險。	一般單一國家基金、新興市場基金、產業類股基金、店頭市場基金

圖 7-1：風險收益等級說明、資料來源：中華民國銀行公會

注意：風險等級不能完全作為投資人投資基金時之依據，投資人仍需考量個人年齡、風險承受度、財務規劃及實際需求，並參考國際經濟情勢，投資基金仍須注重資產配置，分散投資風險。(https://scm.sinotrade.com.tw/Maintain/DocFile/04.htm)

原則上區域範圍越小、越具體，市場風險一定相對比大範圍的區域投資要高一些。所有產品都有它本身的產品風險，而產品的風險報酬都是相對比較出來的，並非絕對值。

到底要投資什麼樣的基金，那一定就要從大方向先看起。首先從區域開始選擇，要再具體些即是篩選國家，然後想要較穩定的或增長型的投資，就是看投資標的，例如大型股或小型股等等。平時留意各區域與各國的財經狀況，以及對金融產品的基本了解，可以幫助你更精準的找出你有興趣的投資標的。

以下列出由台北金融研究發展基金會與全球財經資訊龍頭彭博公司合辦的「傑出基金金鑽獎」，針對國內及國外基金的大項分類給大家參考。

國內基金分類	
類別	次類別
股票型基金	科技類股
	中小型
	價值型股
	一般類股（包含中概）
	上櫃型股
債券型基金	固定收益型
債券股票平衡型基金	價值型股票
	一般型股票
貨幣市場型基金	投資國內

圖 7-2：國內基金分類

由國內證券投資信託公司所發行投資於國內證券市場，且成立滿三年之共同基金，由主辦單位依各基金實際發行情形主動進行評比；如有需要，洽請證券投資信託公司提供相關資料，以供評比。

海外基金分類		
類別	次類別	
股票型基金	環球已開發市場股票基金	Global ex Emerging Markets Equity Fund
	環球新興市場股票基金	Global Emerging Markets Equity Fund
	亞洲太平洋（含日本）股票基金	Asia Pacific Equity Fund
	亞洲太平洋（不含日本）股票基金	Asia Pacific ex Japan Equity Fund
	已開發歐洲股票基金	Europe ex Eastern Europe Equity Fund
	東歐股票基金	Eastern Europe Equity Fund
	東歐股票基金（重複）	Latin America Equity Fund
	大中華股票基金	Greater China Equity Fund
	美國股票基金	US Equity Fund
	日本股票基金	Japan Equity Fund
	天然資源股票基金	Energy Sector Equity Fund
	科技產業股票基金	Technology Sector Equity Fund
	永續投資基金	ESG Fund
債券型基金	環球已開發市場債券基金	Global ex Emerging Markets Fixed Income Fund
	環球新興市場債券基金	Global Emerging Markets Fixed Income Fund
	高收益債券基金	High Yield Fixed Income Fund
	投資級債券基金	Investment Grade Fixed Income Fund

海外基金分類		
類別	次類別	
平衡型及多重資產型基金	環球平衡型基金	Global Mixed Allocation Fund
不動產證券化基金	不動產證券化基金	REITs and Real Estate Fund
組合型基金	跨國投資組合型股票基金	Cross-border Equity Fund of Funds
	跨國投資組合型債券型基金	Cross-border Fixed Income Fund of Funds
	跨國投資組合型平衡型基金	Cross-border Mixed Allocation Fund of Fund
貨幣型基金	貨幣型基金	Money Market Funds

圖 7-3：國外基金分類　資料來源：彭博公司（Bloomberg）提供

由本國證券投資信託公司所發行，投資於海外之共同基金，以及由外國資產管理公司依當地法令所發行之基金，登記註冊地為外國並受當地法律監管，於民 國 107 年 12 月 31 日前經主管機關核備在台灣可銷售之共同基金，由主辦單位按彭博 (Bloomberg) 所提供之各基金實際發行情形，進行三年期績效之評比。參加評選之各類基金，不包括保險基金、機構基金及私募基金。同支基金不同類股 (Share Class) 以成立時間最早作為評比基準。

※ 海外基金資料由彭博公司 (Bloomberg) 提供，基金分類以彭博基金分類為主，另參考投信投顧公會境外基金分類做為基金評比之依據；各類基金均應至少要有十支 (含) 始列入評比。

(https://www.tff.org.tw/award)

ETF（被動式管理基金）

ETF：Exchange Traded Fund ，是在交易所掛牌交易的基金。大部分的 ETF 跟蹤特定指數，並代表一籃子股票的證券，如指數基金。但交易方式就像交易所的股票一樣，因此在買賣時全天都會出現價格變化。也像股票般，可以在不同價格成交，相對於共同基金每天則只有一個價錢可以成交。

優點：

1. 多樣化，不同指數基金跟蹤不同指數。
2. 費用低於主動式管理基金。
3. 便利性：像股票一樣交易，你可以在交易所交易時間內隨時進行交易。

缺點：

1. 隨著 ETF 的普及，管理費逐漸增加。
2. 分散投資，ETF 固定跟隨指數，這代表你也要承擔投資你不喜歡的股票在該指數中的比重。
3. 因為完全依賴跟隨指數的投資策略，常導致市場全面性大跌時指數基金機械性的賣出，而使得市場跌得更加嚴重。

與共同基金相似的地方，投資 ETF 也是要先從大處著手，了解並篩選自己想要投資的區域、國家、產業或產品類型（投資債券或股票等等），才能更清楚知道要選擇哪個指數投資，更進一步去選擇哪個 ETF 跟蹤那個指數。對於一個投資指數化基金的人來說，選擇 ETF 首重基準指數（Benchmark）。基準指數一定要選對，以確定 ETF 的投資方針是符合你的需求。

另外，台灣的 ETF 選擇相對沒有國外多，交易量沒有國外大，我比較常使用美國的交易網站，例如 Firstrade、Charles Schwab 等等投資 ETF。美國目前為全球最大的 ETF 市場，交易的 ETF 投資方針可以涵蓋全世界，相對選擇多符合我投資國際化的原則，而且可以交易的平台非常多，方便又透明。我目前大約有三分之一的資產用於長期投資 ETF，符合我現在退休的懶人投資原則。決定投資的大方向類別及指數即可，例如人工智慧 AI 類別的 ETF、新興市場 ETF 等等。以下表格是以基金獎項的評比類別，讓大家看一下大致的被動式管理基金的分類。

<table>
<tr><th colspan="3">ETP 基金分類</th></tr>
<tr><th>類別</th><th colspan="2">次類別</th></tr>
<tr><td rowspan="7">指數股票型 ETF</td><td rowspan="5">一般型 ETF</td><td>國內指數</td></tr>
<tr><td>中國大陸指數</td></tr>
<tr><td>美國指數</td></tr>
<tr><td>日本指數</td></tr>
<tr><td>其他指數</td></tr>
<tr><td colspan="2">槓桿型（單日正向二倍）ETF</td></tr>
<tr><td colspan="2">槓桿型（單日反向一倍）ETF</td></tr>
</table>

ETP 基金分類	
類別	次類別
固定收益 EFF	一般型債券 ETF
	槓桿型（單日正向二倍）ETF
	槓桿型（單日反向一倍）ETF
期貨信託 ETC	一般型 ETF
	槓桿型（單日正向二倍）ETF
	槓桿型（單日反向一倍）ETF
指數投資證券 ETN	(2019 開始發行）

資料來源 https://www.tff.org.tw/award

台北金融研究發展基金會與彭博公司合辦的「傑出基金金鑽獎」，2019 新增加的獎項類別 ETP 基金獎的分類方式（由國內證券投資信託公司或期貨信託公司所發行且成立滿一年之 ETP(含 ETF、 ETN、ETC)，由主辦單位依各 ETP 實際發行與交易情況主動進行評比。）

外匯

優點：

1. 可以在短期內獲利。
2. 基本面分析不多。
3. 大量運用技術分析。

缺點：

1. 風險高，市場波動性高。
2. 時間壓力：交易者必須及時了解市場的最新變化，才能確保其交易有利可圖。

作為一個被動的投資者，外滙不是我會頻繁使用的交易工具。但我確實把外匯當成我的一種投資策略，運用外匯來平衡我的投資組合，減少風險。例如台幣與美元是我一定會用到的貨幣，而台幣和美元之間總是存在一種長期區間波動的模式（大約介於 28 ～ 31 之間）。我通常會在台幣強的時候把部分台幣資產轉換為美元，而美元強的時候轉換部分美元資產為台幣，這是我多年來的習慣。如果你有發現適合你的外匯投資模式，你也可以試試。但我較少從事其他外幣交易，畢竟我沒有看到一個適合我的模式。另外，我不會只為了賺價差而短期交易。

全球外匯市場每日交易超過 5 萬億美元，其中大部分交易仍由銀行、對沖基金和其他大型金融機構等主要參與者交易完成。由於他們的交易量大，以及可獲取較快的資訊和較多的交易分析技術，這些參與者可以在設定價格和影響市場價格變動方面具有先天的優勢。

外匯交易是波動性非常大的一種投資工具，如果你想從中獲利，需要花很多時間盯著市場。我有很多朋友都是專業的外匯交易員，這絕對不是一件容易的事。他們以高槓桿交易，你可以很快賺進大筆差價，也很快就失去一切，甚至是眨眼之間就負債（尤其是用槓桿交易）。

美金歷史匯率走勢圖(十年)

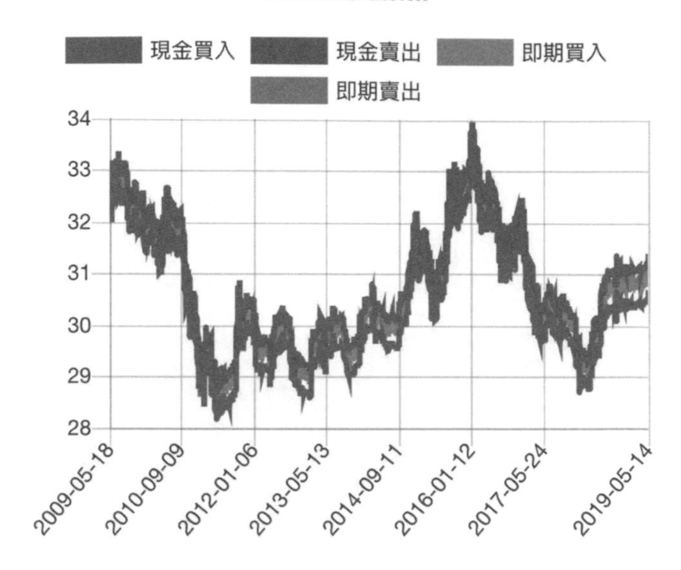

美元對新台幣外匯匯率走勢圖 (1990-2013)

美元對新台幣外匯匯率走勢圖 (1990-2013)

資料來源：消費者網站（Consumer’ s Website）

衍生性商品
（遠期、期貨、SWAP、選擇權、權證、ELN 等等）

衍生性金融商品，就是由金融現貨市場（包括貨幣市場、債券和股票市場、外匯市場等）衍生出來的一種商品種類。衍生性金融商品是一種契約，其價值是由買賣雙方根據標的資產的價值（如外匯的匯率、短期票券的利率、股票的價格等），或其他指標，如：股價指數、物價指數等等來決定。衍生性商品是一種非常多用途的投資工具，它們可以用於避險、套利和投機交易，但這種多功能性也可能會導致問題。

就像前美國證券交易委員會主席 Arthur Levitt 在 1995 年提出的警告，「衍生性商品如果處理不當，就像電力一樣危險；但也有潛力做好事」。衍生性商品可以是有效的投資工具，但它們也具有重大風險。

對於比較進階的投資者而言，衍生性金融商品的靈活性和可以用相對較低的成本投資的特性都很有價值。但有時投資者原本是想用衍生性商品當作避險或套利的工具，但卻因為市場波動或嚐到獲利甜頭，而有意識或無意識地成為投機的短期交易者，結果很可能是災難性的。

優點：

1. 相對較低的成本：衍生性商品合約，通常是用基本現貨市場工具的實際價格的一小部分買賣，如果買不起現貨（例如：一張高額的股票），但希望可以從股票的上漲或下跌中獲利，就可以考慮購入相符價格波動方向的衍生性商品（例如這支股票的權證或選擇權）。
2. 高槓桿：衍生性商品合約，通常是用基本現貨市場工具的實際價格的一小部分買賣，既然如此，投資者可以承擔相對較小的衍生性商品合約價格，並希望現貨的價格往預期方向走，來獲得回報。

3. 靈活性：市場上有基本的衍生性商品（一般將衍生性商品分成基本四類：選擇權、遠期契約、期貨及交換），也有各種特殊條件的衍生性商品，只要商品結構條件吸引投資者的興趣投資，經由發行者和投資者雙方同意就可以設定任何有創造力的條款，做為商品結構條件的一部分。
4. 作為避險的工具：衍生性商品最早開始的目的便是作為風險管理之用。持有現貨但不想承擔風險的投資人，可藉由購入衍生性商品而把持有現貨的風險，移轉給願意承擔風險的投資／投機者，或對市場看法和你相反的人。

缺點：

1. 衍生性商品本身就是從外匯、債券、股票、短期票券等現貨市場上所衍生出來的金融商品，所以風險可以比現貨市場要高出許多，尤其又有高槓桿的特性，風險又再高出許多。
2. 衍生性商品可能非常複雜，而有些非專業投資人有可能無法理解所涉及的風險。
3. 有些投機的投資人利用槓桿交易衍生性商品，這意味著他們實際上是借錢來進行投資。如果衍生性商品表現不佳，這種槓桿作用可能特別具有破壞性。

我之前有些對選擇權和權證等衍生性商品的投資經驗，但大部分的主要目的是幫我的股票現貨部位作避險，我通常挑選的是單一標的的選擇權或權證。直到 2005 年，我才嘗試投資一檔台新銀行發行的股權結構衍生性商品（Equity Linked Note），是由摩根大通銀行結構的，這是一個與在台灣證券交易所上市的5支大權值的股票掛鉤的選擇權。我當時的投資想法，一是這5支大權值的股票因其權值大，應該很難被操縱作價；二是市場趨勢走向是有利的；三是時間長短也適合我投資，所以我投資了這個產品。

當時由於投資人對這個衍生性商品的結構有很大的興趣，台新銀行因而一個接著一個售出這樣結構的產品，只是有不同的時間框架，那時的產品名稱為「五虎上將」，陸續有賣出「五虎上將１」、「五虎上將２」及我買的「五虎上將３」。

以下這個事件就發生在「五虎上將２」的最後結算日期。

結構型金融商品問題多

2005年03月05日 蘋果日報

作者為資深媒體人、現為財經作家 許啟智

前陣子台灣股市中知名的績優股「富邦金」盤中無故跌停板，經過一番追查後，才發現是一檔由台新銀行發行名為「五虎上將2」的結構型商品中持有數千張「富邦金」股票大幅賣出使得股票跌停板，投資銀行大舉賣出單一個股使得「五虎上將2 」投資人的收益率由百分之九降為百分之二點八左右，此種以銀行利益為主，忽視投資人利益的操作讓人驚駭，也顯現結構型金融商品問題重重，金融主管當局任由金融業者申請發行結構型商品，但毫無管理能力的弱點在此事件完全曝露出來了。

只是美麗的錯誤

台灣金融市場近年來流行發行一些讓人看不懂的「結構式金融商品」，以這一檔由台新銀行發行，委由摩根大通銀行香港分行避險的「五虎上將 2」為例，這檔結構型商品的組合是包括台積電、華碩、富邦金等五檔股票，計息是以到期日時其中一檔股票的最低價為計息標準，如果依照正常的交易方式，這一檔結構型商品的五百多位台灣投資者應該可以得到約年息百分之九的報酬，但由於最後一日摩根大通銀行大力砍出數千張的富邦銀行股票，使得富邦銀行股票跌停板，這檔結構型商品在到期日以富邦銀行最低價計息，收益率降至不及百分之三，投資銀行減少了超過三千萬元以上的利息支付。

由於富邦銀行對於股票無故跌停板大為光火加以追查，才使得這件不光榮的壓低結構性商品投資人利益，圖利避險銀行的事件曝光，摩根銀行對外說法是這是件美麗的誤會，絕對不是故意打壓股價，經過金管會介入處置後，同意以二千六百萬元來賠償投資人的損失。

因操作失誤露餡

摩根大通銀行是國際具有知名度的投資機構，對於操作各項金融商品有一定的規範；但這件事情如果不是因為股票打到跌停板，使得富邦銀行出面追查，可預期這五百多名投資人可能領到百分之三左右的結構性商品報酬率也可能心滿意足，因為這些商品本來就超過他們的理解能力；同樣的，我不禁也以「小人之心」來推想，這些複雜的結構型商品是不是有許多大動手腳的空間，這一次是操作不小心露了餡；如果操盤人將富邦金小心的賣到跌停價的前二、三檔，整件事可能就無聲無息，不會引發外界的注意；摩根大通銀行都會犯的錯誤，或許有些結構型商品管理人也是有樣學樣，只是未被投資人發覺而已。

金融商品糾紛多

台灣近兩年來金融、保險業者大幅的發行結構式金融商品、連動債、投資型保單等商品，這些商品基本上都超過一般投資人（甚至專業投資人）能理解的範圍，這些金融商品根本缺乏適當的管理，投資人在理財專員的遊說下，買下自己根本無法了解的金融商品，摩根大通銀行的「五虎上將2」其實只是冰山一角，隨著投資人的投資損失浮現，許多投資型保單與連動債客戶與金融業者糾紛近來不斷發生，金管會主管人員除了喊出「要抓幾個弊案」的空洞口號外，對於金融業者近兩、三年來推出的許多問題重重的金融商品要深入了解與控管，否則未來兩三年將是金融業者與金融商品消費者間的糾紛年，類似「五虎上將2」的金融商品糾紛事件將層出不窮。

幸運的是，或許「五虎上將２」的事件，讓我的「五虎上將３」成功結算。我隱約記得當時的支付率約為12%。但是這件事會浮出水面，是因為富邦銀行不滿意他們在沒有任何理由和壞消息的情況下，在當天最後一筆交易被打到跌停板而要求調查。如果這件事沒有曝出來呢？它讓我意識到，作為一個小投資者，很難與大機構進行對作。尤其是衍生性商品，因為他們擁有龐大的計量團隊和資源，可以輕鬆地操縱市場。所以我投資衍生性商品時，都會再三確認我了解商品的架構與可能發生的風險。

以上跟大家分享各種金融商品投資工具的一些投資策略和方法。對這些工具不是很清楚的人，可以有一個大概的認識與了解，進而再對你覺得適合的工具與方法深入研究。

八.房地產投資

為什麼通常有了基本的金融商品的投資組合後，許多人的下一步就是想要買房子呢？除了人生階段改變、需求改變外，透過前面的理財投資，累積來支付房子的頭期款。透過擁有自己的房子，你將之前的租金費用支出轉換為資產這是其一，你的房屋貸款利息還可以享有稅務上的扣除額這是其二，另外如果你的眼光好，房子還可能增值，這就是為什麼許多人想買房子的原因。

我自己在上一波房地產景氣循環時，陸續經手過 4 間房屋的投資買賣，每一個都讓我的財富累積帶來很大的成長，但不同的物件投資報酬率相對非常的不一樣。購買房地產無論是出於自用（就算是自住，也還是長期投資，因為你並不希望哪天你換屋的時候，發現持有這個房屋讓你賠了錢），還是出於投資目的，對於大多數人來說，這通常是我們一輩子中較大金額的交易。在進行房地產投資時，有一些原則需要思考和執行。

投資房地產的過程中有些基本守則要注意

1. 自己找答案

無論你的仲介有多好或多麼熱心，仲介的收入來源只能從成功搓合一宗交易獲得仲介費，自然價格越高越好，因為目前台灣的仲介大多是收取成交價的百分比（不同仲介公司、不同國家，行情也不同，要事先問清楚。但不要只想先殺價仲介費。一開始就殺價，沒有仲介會願意服務你，留待最後議價時，臨門一腳，才用這個費用當籌碼，促使成交，仲介們相對樂意談，因為他們也希望你成交）。仲介們會盡一切努力讓你購買或出售，以確保有交易成立，仲介才有費用可收。這是一個優點，也是一個缺點。

當你問一些問題時，也請你要自己觀察，或驗證他們給你的答案，才可以確保你已收到可幫助你做出正確決定的訊息。如果想要長期投資房地產，和仲介保持長期良好關係，可以幫助你更快得到市場訊息，仲介也了解你是專業可靠的投資者，相對成交機率高，他們做白工的機會則較小，仲介們如果發現有趣的投資機會，也會優先與你通知。

2. Location! Location! Location! 地點為首要

每個人都知道「地點」為王，這是投資房地產的基本首要條件。如果你能在蛋黃區（精華區）買得起一個較小的房子，那麼總是比一個在偏遠地區大很多的房子，更容易出租或容易出售。你在買屋的時候，就要考量到這樣的地點，有多少人會在你賣屋的時候對你的房子有興趣。有興趣的人越多，相對出價的人越多，成交的機率越高，成交價高於你買進成本的機會也就越多。

當然不是每個人都一定要買在台北市的信義區、大安區，但在你負擔得起或有投資興趣的區域中，找到你的相對蛋黃區這很重要，也是你投資標的保值的最重要條件之一。我過去選標的的時候，相對有許多報酬率的驗證，如果我其中一個選項選擇為南港，而不是紅樹林，相對房子的增值性就會增加很多。而有一個投資是在信義區 101 大樓附近，而且坪數是當時投資物件中最小的，但帶來的報酬，不管是報酬率或是絕對金額都是最多的。

3. 沒有完美的物件

請記住，沒有完全「完美」的物件，如果你一直在尋找你的夢想物件，你會錯過很多機會。我有一群年紀相仿的朋友，當時我們有三對夫妻，都想在那段時間買房子。通常都是其中兩對比較積極的夫妻找到覺得不錯的案子，就吆喝大家一起去看看。

我們這樣搜尋房屋大概持續了 3 到 4 年，我陸續投資了 4 間公寓。然而，其中一位朋友，她從未找到她一直尋找的「完美」房子，她總是只看到這些案子的缺點。對她來說，她覺得都不夠好，因此錯過了很多機會。比較正確的心態應該是，先找到一個相對比較符合你的需求或期望的房子，看看是否有機會用後續工程的方式，讓它更接近你的期望，其實真正的重點是在你有一個房子之後，你的資產上升，換屋就相對容易，再挑時機正確時換屋，越換就越接近你夢想的家。

4. 物件大小（市場需求和供應）

買房時就要想想以後誰會想買你的房子。當你想出售的時候，你希望很多人對你的房子感興趣，還是只有一兩個潛在客戶？有一位參加我璀璨生活財富教練計畫的夥伴，當我們在檢視他現有資產的時候，發現他一個人住在 70 多坪的大安區華廈。深入了解後發現，他在房地產景氣的上一個循環初期買了第一個小公寓，那是他回到台北工作時買了這個地方，這是一個 20 坪左右的兩房公寓，他從他父母那裡借了一筆錢湊足頭期款，大約 6、7 年後賣掉。那時大概已經到那一波景氣的後期，這個自用了 7 年的投資，讓他獲得很大的利潤，賺了大約 1,000 萬台幣。

他那時賣掉是想要換屋，細問當時他是什麼樣的想法，讓他換了一個這麼大的房子自住，他說那時覺得如果一坪可以讓我賺到這麼多，如果我買一個坪數越多的大公寓，它會賺得更多。首先，他沒有等待正確時機再買，所以投入的時間不是很好。因為他在上一次房地產繁榮景氣將近結束時，做出了這個近一億台幣的購屋決定，在他交屋之後，隔一個月豪宅稅宣布，隔年奢侈稅開始實施，他馬上受到影響。當下被綁了一年，因為奢侈稅；後來想賣的時候，市場已經跌下來很多，也沒辦法賣到他想要的價錢。

我們坐下來釐清了他當時投資的想法，發現他並沒有考慮到市場供需的問題，也沒有考慮到景氣循環的影響。畢竟在蛋黃區的豪宅，這麼大的坪數，買得起這麼高總價的人並不多，在市場不景氣的時候一定比普通兩三房的公寓難賣。現在他每個月都有沉重的貸款要繳，使得他想提早安排退休的計畫受到了影響，要想其他的方法來增加其他的被動收入，才能實現提早退休的夢想。

5. 格局

方正的格局，特定的座向，以及明廳暗室是台灣大多數人喜歡的。即使你喜歡特別的格局，同樣的，有一天當你要賣房子時，你必須考慮是否有人會有興趣購買你的特殊品味。有個朋友因為單身，把一個大三房的單位，改成只有一房，後來要賣房子的時候發現價錢沒有辦法達到他想賣的標準，而且他的賣價也沒有高出鄰居太多，後來還是花了一些錢，把隔間改回來，才達到他想要的價格。

我因工作在香港租房子的時候，發現了一戶在皇后大道中精華地段上，把兩房華夏改為 Studio（工作室）的單位，仲介說原本是房東國外唸書的女兒回香港住，因香港房子小，格局又太擠，而把隔間都打掉變成一個 Studio。但怎麼知道女兒住沒多久不住了，只好拿出來租，但因格局不符合大部分租客的需求，只好一直降價求租，放在市場上快一年了才讓我撿了便宜，又和房東談了一個好價錢才租下來。

6. 鄰居很重要

現代社會鄰居彼此雖然較陌生，但如果你有機會和鄰居攀談，會幫助你得到一些寶貴的訊息。另外買房子也要挑鄰居，社會新聞經常有惡鄰居的新聞，例如：被舉報違建而破壞公設，或占用公設，小到故意拖欠管理費，這都會造成日後的生活困擾。

在你看房子的時候，要仔細尋找線索，看看有沒有這些狀況的蛛絲馬跡，看看管委會的佈告欄，有無管理費拖欠的提醒，或看看不同樓層的樓梯間、門口的擺設狀況。以同樣的邏輯，你賣房子的時候也要想想，精明的潛在買方會注意哪些地方。

7. 基本檢測

通常在房屋買賣簽約時，可約定由買方請廠商做海砂和輻射檢測，並於合約上約定，如檢測結果超過法定標準，則契約失效。但通常是中古屋比較需要小心，新成屋較少發生。目前流傳在外的輻射鋼筋多發生在 1982 至 1984 年間，因此建物若為這 3 年間建造完成的，則比較有成為輻射屋的可能。新成屋的話，可以要求建商提供「氯離子檢測報告」證明及要求出具「無輻射污染證明」，比較安心。

8. 履約保證不能省

什麼是「履約保證」？「履約保證」就是確保買賣雙方履行契約，確保買方付價金給賣方，確保賣方房屋過戶給買方，銀貨兩訖，所以執行「不動產買賣價金信託」。預售屋、新成屋、中古屋都可以要求使用履約保證服務。就算不是透過仲介成交的案子，也可以向屋主要求履約保證，請代書代為尋找提供服務的機構。

重要的是確定你使用的履約保證機構有這個履約保證的專門戶頭。信託專戶屬於獨立財產，必須依契約約定，或買、賣雙方共同指示才能撥款。若是未信託的專戶，雖然冠上履保的名稱，但實際上是一般帳戶，帳戶所有權為承辦機構，帳戶內的款項可能會遭到不肖人士私自挪用。

如果沒有履約保證的話，有可能會發生的狀況，就是買方付了錢，賣方拿了錢就跑了，房子沒辦法過戶；或賣方還沒拿到款項，房子卻已經被代書過戶給買方。這麼大的買賣，買賣雙方都不會希望有差錯。履約保證的費用是成交價的萬分之六，買賣雙方各出一半，花一點小錢買一個保障。履約保證可以確保買方和賣方一手交錢一手交貨（房屋權狀）。

9. 聰明運用貸款

買房子是一筆巨大的開支，即使你有足夠的現金完全付清不需要貸款，在低利率期間，你可以靈活運用你的多餘現金來投資，而不需整個綁死在房產上。你的現金投資只要獲得比貸款利率更高的回報率，就足夠來支付你向銀行貸款的利息，這樣來說你的貸款相對是免費的。

另外也要注意你的貸款條件是否可以提前還款，以備未來如果貸款利率因為市場變遷而變得太高，你隨時可以選擇提前還款以減輕利息壓力。加總起來不但可以讓你更靈活的運用你的資金，另外還可以讓你賺得更多，並增加你的信用紀錄，這將有助於你以後，如果有貸款需求時更容易與銀行洽談。

近來有提倡如果想買房但付不出頭期款，可以借信用貸款來支付頭期款，這種狀況就有過度槓桿、擴張信用的問題了。更何況信用貸款的利率相對較高，你借了信用貸款，然後又去借房貸，會影響自己的信用評分，付款的壓力也相對沉重。所以過度擴張與不及都不好。

10. 預期你的獲利模式

在你投資某個單位時，你要清楚你的獲利模式是什麼，你是要賺取租金來打平你的貸款，或者只是持有或自住等到某個預期的時間，等價格上漲，才獲利賣掉或換屋。這有關於你可以沒壓力的付貸款多久（貸款時寬限期需不需要談長一點），你需不需要準備付本金、付多久。

如果是想賺取租金來打平你的貸款，就要考量你買的單位容不容易租出去、是否能以你想要的價格出租、維修成本、需不需要裝潢的成本等等。如果是想隔間，隔成套房出租就更要小心評估，實施隔間的風險成本法律上可不可行，社區環境是否適合。如果買下來了卻因鄰居抗議，或法規不符等等原因，而無法得到原先預期的隔套收租的回報，可是會賠大錢的呀！

如果你沒有預期或沒有準備，當你開始支付不僅僅是利息，還有本金的時候，或出租的回報不如預期，你要自掏腰包補足應付的貸款利息或本金，這對你的財務會產生很大的影響。

11. 跟著趨勢

在過去的 50 年裡，台灣房地產有 5 大週期。通常，一個週期大約為 10 年。 如果在你的一生中，你想擁有自己的房子，或者想尋找投資房地產市場的機會，那絕對是有機會的。就像投資股票一樣，沒有人能夠以絕對低價買入，並且每次都以絕對高價賣出，了解自己在週期中的位置非常重要。不要忘記，最重要的是當你看到每個人都從房地產市場中獲利，你好不容易下定決心進入市場，也買了一間房子，卻發現自己被套牢，沒有人想當最後承接的人。

我在 2012 年賣掉我最後一個房子，在信義區 101 旁。當時我自己都覺得，價錢已經是快要高到一般人沒辦法買得起的，所以我決定賣掉。將心比心，如果我是買家，我自己一定也會觀望，還好有這樣的觀察，讓我賣在那一棟大樓有史以來最高的成交價。

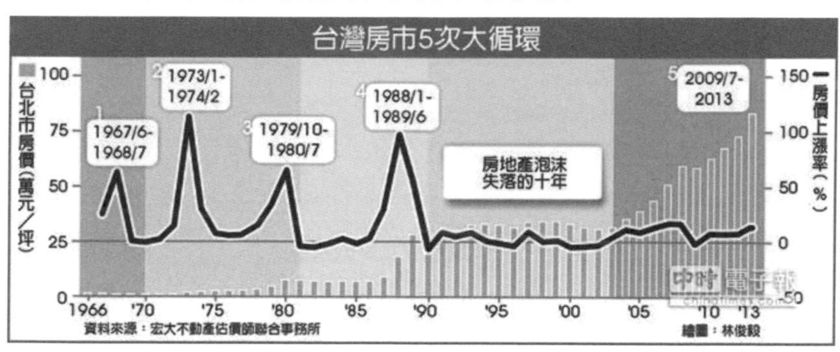

圖 8-1：台灣房市 5 次大循環／資料來源：工商時報

https://www.chinatimes.com/newspapers/20140916000039-260202

投資房地產除了以上提醒的幾點之外，還請你做好基本功課，包括熟悉整個房屋交易過程如何進行，並注意每個時間點和你需要準備、確保交易順利進行所需的資金。還有搞懂整個房屋交易的稅制，以及在更早開始就要建立自己良好的金融信用，以幫自己爭取最好的貸款額度及條件，才能成就成功的房地產投資經驗。

九.管理你全部的投資部位

請記住，如何有效的管理你的投資部位，最終的目標是實現我們設立的財務目標！你需要時時刻刻記得這些目標，然後建構一個能夠最大限度實現這些目標的組合，同時管理好你投資部位的回報與風險。其實有幾個基本的技巧可以運用：

1. 確定投資組合內容

弄清楚你的投資部位中的組合（如：股票、債券、ETF 等等）。確定你是否完整了解你投資組合中的所有金融商品，並且確定它是否適合你的投資習性，符合你的風險承受度及獲利預期。通常在開始建立投資組合的前幾年，投資組合相對小，建議保持簡單，不要過度分散。趁著投資組合相對小，可以更確定什麼樣的產品適合你，而且如何做可以達成你設定的目標。

2. 持續監控追蹤

你的投資組合可能囊括不同金融資產的任意組合，如：股票、債券、共同基金、ETF 等等。持續追踪這些投資部位的表現，可能是一項具有挑戰性的任務。最重要的是，要經常了解你所有投資部位的表現情況，而不是只有忽然想到，或是每年報稅的時候，才想起來要看看投資部位表現得如何。

如果你使用投資平台來管理你的投資，你應該能夠登錄平台以查看你的投資組合的狀況。你可以在買進個別股票或基金時，就先設立自動提醒，讓你的投資在達到你之前預訂獲利的特定價格時，提醒你要賣出或做調整，或只是單純定期提醒有關個別商品或整個投資組合表現的消息。

另外重要的是，要持續關注可能影響你投資部位的主要國家經濟和政治狀況，以及可能影響你的投資的國際重大事件。

市場的表現是一直在變動的，而其在一段時間點的表現可以幫助你了解你的投資，尤其是有基準指數 (benchmark) 可以比較的金融商品。舉例，如果你投資的基金隨著市場下跌而下跌，或許無需緊急的處理與調整。但是，如果你的基金在其他同類型，或基於同基準指數的基金顯示正投報率的時候，你持有的基金卻出現下跌，或持續表現不如基準指數，那麼的確應該重新檢視這檔基金是否適合你。

3. 把你的投資組合當做一個整體看待

如果你只使用一個或兩個平台進行投資，那麼應該可以輕鬆的監控和管理整個投資部位。然而，如果你像我一樣，因為我使用不同的平台，並且還投資一些另類投資（例如：房地產和新創事業），那麼監控一個投資組合中的所有項目就有點麻煩了。

但我仍然設法使用 Excel 來把我的所有投資部位整合在一起，並每個月定期監控我的所有投資部位。因為從一個整體上監控及管理我所有的投資組合，可以更全面、更輕鬆地來觀察，並決定當市場前景改變時，我應該如何調整我相關的投資部位。如果你的投資持續在一段時間內虧損，那麼你也可以更容易地發現損失從你的總投資中的哪些項目而來，並且看看自己先前是否低估了那部分投資的風險，或者自己錯估了那部分的投資回報。而且如果你因為分散風險而分散了投資（可能同時也分散了獲利），你都可藉此把你的投資組合當做一個整體看待，而可以更清楚的看出自己當初設定的投資策略對不對，需不需要調整。

4. 在前景變化時調整您你的投資組合

市場經常變化，但長期的方向不會天天變的。當市場發生重大事件時（例如從川普上任以來的中美貿易談判），可能會導致市場對未來的長期看法改變。重要的是，要及時了解發生的重要事件和對市場趨勢的影響，你才可以很快的來檢查，你投資組合中的所有投資產品是否受影響，而導致原本的投資策略無法實現，是長期的影響或只是短期的過渡？如果發現有負面影響，你才可以進行相對應的調整。

5. 你的目標有任何改變嗎？

這就是我們一開始談設定目標並制定計畫以實現目標的原因。你的投資組合需要遵循你最初設定的目標，如果你的目標發生變化，你可能需要調整投資部位以反映這一點。你不應該經常更改你的目標，因為這會影響你的投資組合及表現，做計畫是因為我們尋求的是長期及持續的表現。但是如果你的目標真的發生改變，你可能還是需要考慮調整不同類型的投資產品或比重來反映這一點。當調整的時候，你應該根據自己過去做的較好的投資，以及看看投資組合的其餘部分，來思考如何調整你的部位，才能達到你新的目標。

6. 你的風險胃納有變化嗎？

當你設立你的投資組合時，可能會根據你自己的風險偏好分配不同產品的持有。但是，你的風險胃納可能會隨著時間、環境而改變。例如：隨著年齡的增長（當你已經退休的時候），你可能不希望冒更大的風險，因為你可能希望你的投資收入來源可以更穩定、安全。或者，當你有新的人生目標時，你可能需要調整你對風險的態度及接受度，來反映你需要的目標收益率。這意味著要調整你的投資組合，以反映你對風險的新胃納，以及你新的人生目標。

7. 致力於變得更好，達到目標

建立一個有效的金融投資組合可能需要數年時間，而且這是一直變動的功課。如果你願意越早開始致力於你的目標並努力，你將會更快達到你的目標，所以不要怯步，只要你願意一步一步地做！

十.如何做出投資決定

通常拿著一個投資產品來問我好或不好，我的答案通常是「要看狀況」，並不是我不願意回答或故意賣關子。往往是我並不知道你想達成什麼目標，你的風險承受度等等，而這些都是做出正確的投資決定需要思考的步驟。

我經常被問到「你怎麼決定要不要投資這個產品？」以下是我自己的投資思考流程大致如下：

目的

像我在 26 歲剛訂立我的退休計畫的終極目標（實質目標大約 150 萬美金資產）時，隨之而來的就是階段性的小目標。而我那時候就知道，至少前 10 年到 15 年，我決定選擇達成的不管是階段性目標，或是退休計畫的終極目標，我挑選的工具都必須帶給我高度資本增長的回報，當然相對的所承擔的預期風險能力也要相對高些。既然我有固定的薪水收入，再扣除我財務安全網的初期準備，我的投資部位在一開始的十年，大部份還是投資在股票，追求其高報酬。

有句老話說「殺雞不用牛刀」，如果你的目的只是想殺一隻雞為今晚的晚餐加菜，用牛刀或許過於大而不當，也有可能會傷到自己得不償失。了解自己想達成的目的，可以讓你更有效率的選擇你的工具。但重點是在選擇工具之前，你必須定義明確的目標。你可以同時擁有多個階段性的小目標，每個目標可能需要不同的工具組合。

時間

所以，我們已經定義了一個目標。接下來要做什麼？了解我們實現目標需要多長的時間，這是我們考量決策過程中的下一個重要步驟。我們的目標應該分為短期、中期和長期，了解我們何時希望實現什麼目標及其持續時間，將影響我們對投資工具的選擇。

短期目標我們可能要將資金及投資部位保持在更容易變現的形式，或是較高風險高獲利的狀態，例如五年內需要透過股票投資，快速增長可投資資產，以作為投資房地產的資金準備。除此之外，有些投資產品要求資金在固定或不確定的時間範圍內繳出，或者提前退出贖回投資可能會有額外費用、罰款，或須繳較多的稅金。這在做出投資決定前都需要把時間相關的因素列入考量，才能讓你的決定更完善。

每個投資產品都有它的規則、限制、時間承諾和相關的成本。了解每一個投資商品是否適合我們為每個目標建立的時間框架，使我們能夠更精準地選擇，最好且最適合我們實現目標的工具。

舉個我自己做例子吧。我當初估算達到我退休的終極目標是50歲，在當時我有23年的時間可以達成，當初的計畫是預計20年（整數也比較好算），另外3年，我把它當作如果我20年達不到目標的話，再多給自己3年的彈性期。把這20年的大目標，細分成每3年、5年、10年的階段性目標，讓自己更清楚，我是走在正確的道路上。

我一開始的3到5年，幾乎百分之百的投資工具都在股票，少部分在投資期間較短的衍生性商品上。當資金累積較充裕後，才開始分配一部分資金到需要長時間投資的房地產。另外我並沒有花很多錢在保險產品上，只買了一個主險鎖定我的保單年齡而已。因為我知道要在20年達成我想要的目標，以我當時的薪水收入，和對薪水增長的保守預期，我必須要想辦法讓我的資產快速成長，而保險產品綁住我的年限太長，收益也不是我要的範圍內，我寧願多方面學習，多些主控權來決定我自己的投資。

現在回頭看，我沒有達成3年和5年的目標但的確是有接近。第一個台幣1000萬達到的時候，心裡真是覺得千辛萬苦，但又雀躍不已。前面5年較辛苦，但後面你就會發現，一旦你的本金累積到一個程度，你的獲利絕對值的增長得非常快速。100萬元的5%，和1000萬元的5%是45萬的絕對值的差別啊！

風險

報酬要相對考量的面向是風險。風險可能是選擇投資工具最容易被誤解的一環。我們之前有提到，並非所有風險都是平等的，也不是每個人都以同樣的方式看待風險，計算過的風險不是你的敵人。我們每個人都必須努力了解風險和報酬之間的關係，並確定我們自己接受風險的意願。

風險有很多種型態，不僅僅只是我們能承受損失的能力，還有我們能更完整地預測未來各種情況的能力，這可以透過練習來降低風險。另外，有一種風險是我們的情緒，如何影響我們做出對原來既定投資策略的不當行為，例如 : 投資於與你的需求不匹配的投資工具，只因為你聽說別人買了這個賺了大錢。還有另一種風險是過於謹慎，過度謹慎會導致自我設限，綁手綁腳的導致無法達到預期目的。例如 : 你過於謹慎，導致你只願意投資定存，定存可能是安全的，但它無法提供維持，可能被通貨膨脹侵蝕的購買力所需的增長。更不要說在小資族的工作狀況下，想快速於 3 ～ 5 年內只透過用定存累積你的買房頭款。

實際上風險不僅僅是你能承受損失的能力，而是你能承受損失的能力和你當初在投資的時候，預期最有可能發生的最差結果的衡量。例如 : 我前面提過的衍生性商品投資，如果我買的是股票選擇權，預期最差的結果，就是選擇權到期時沒有達到原先的買或賣價，我的損失就是當初購買股票選擇權的所有金額，但這卻不一定是最有可能發生的最差狀況。。

再舉一個例子，如果我今天是買一支股票，在做過研究後判斷這家公司的基本面至少目前持平或未來有機會更好，而我希望追求的是長期股價的增長，我的買價在歷史（5 年或 10 年）本益比的低檔左右 20%，例如 : 歷史 5 年或 10 年的最低本益比為 10，最高低本益比為 30 ～ 35，但本益比大多時間在 15 ～ 25 這個區間。我的買價如果在本益比為 12，相對低檔。那預期買這支股票會賠掉一半的機率會很低，或許最糟的狀況會是賠 20~30%。

但如果我的投資時間彈性較長，公司及產業的基本面沒變，賠 20-30％的機率就很低了，就算短期有這個現象，我還可以等它反彈。我能預期最有可能的狀況是，如果公司基本面持平，沒有大幅好轉，我的時間成本就相對拖長了。較有可能的最糟狀況就是，長時間在我的買價附近持續上上下下大約 10%。做過這樣的投資推測，相對的你就會知道有可能發生的最差狀況，你的風險預期也就清楚了。如果你已經建立了一個投資組合，無論大小，在你做投資決策時，每一個投資產品你都有經過這樣的思考，這樣你的總風險值（你有可能發生的最壞預期狀況的加總）就較容易控制在你的容忍度內。

當你在考慮自身承擔損失的能力時，也請記得將其換算為絕對值，因為如果你把風險視為百分比的時候，因為每個人對數字的感覺都不盡相同，感覺很容易造成我們對承擔損失的能力誤導。20% 的風險承擔能力，聽起來 10 萬元可能損失 2 萬元，你只剩 8 萬元的感覺非常的不同。在看著你的投資失去價值的同時，你會在什麼時候「感受到痛苦？」這個痛苦的門檻或許是對我們追求收益，可以承受多少損失的真實考驗。一旦你對這個問題有了答案，就可以更容易地確定這投資產品，是否符合你的風險 / 回報預期。

另外我們所冒的風險很可能是我們自己造成的。基於情緒反應的財務決策，常造成許多投資者得到不利的結果，我自己就犯過相當多次這樣的錯誤。當我們允許貪婪或恐懼為我們做出決定時，「低買高賣」就經常被顛倒過來。投資人在受到上漲趨勢誘惑的情況下進入投資，或在接近市場高點時進入市場相當常見，而後就明顯被套牢。如果體質好的投資就可能需要時間等待下一次市場回復高點，體質不好的投資可能就連時間都無法幫上忙。

舉個例子，之前遠東航空無預警停飛，勾起我的慘痛的經驗。記得我在遠航下市那一年持有遠航股票好一陣子，原本制定的投資決策是寄望它短期的基本面改善，可以讓股價反轉。但一路基本面狀況並沒有如預期的改善，但我當時心理的確有一直否認公司或許真的沒辦法改善心理，造成我一直拖著，心裡想說再等等看，然後又有鴕鳥心態沒有及時追蹤。結果拖到要下市的前一天才發現，隔天開盤想盡辦法賣掉，才沒有變成壁紙。所以雖然專業的基本面投資分析方法，不能保證一定成功，但做過客觀的基本面分析，如果受到情緒干擾混亂時，可以幫助減少做出錯誤決策的風險。

工具

一旦我們確定了目標，確定了我們的時間框架並評估了我們的風險，就該選擇我們的工具了。現有的每種金融產品，或投資產品都有它各自的優點和缺點、成本和使用規則及時間框架。即使是相同類型的投資產品，投資方式與策略的不同，可達成的目的也不同。

在比較獲利、成本和規則時，你應該時時刻刻記得，要根據你的自身需求和預期收益風險狀況來做決定，而不與他人比較。你可以擁有雷神的錘子，但如果你真正需要的只是普通螺絲起子，那雷神的錘子就沒什麼價值了，了解哪種工具最符合你的需求至關重要。

如果你需要的只是一個低風險、保值、定期配 2% 的貨幣市場基金，那麼你就不應該聽到別人買什麼賺錢而動搖，或有人跟你推銷高報酬對沖基金，而心癢癢的進而影響你選擇工具的考量。

另外投資者會考量投資成本，但需要確定比較的基礎是公平的，A

銀行賣基金給你，手續費報價為1%，B銀行報價為1.5%，你選哪個？答案是你沒有足夠的資訊來做出決定。你需要確定他們報的是同樣產品，例如：某投信發行的台灣股票型基金，海外基金可以用國際通用的基金代碼確認，另外還要多問些問題以釐清出細節。例如：此投資產品中是否存在其他的成本？這只是管理的費用、通路的行銷費用，還是總費用？投資的預期表現以及過去的表現如何？成本是否會發生變化？基金公司或銀行會提供多少管理服務？後面我會列出一些範例問題，讓大家做參考。

所有工具都有它當初被設計使用的目的，和適合的投資人。考慮費用成本應根據你自身的需求，比較你付出的成本相對於你可以獲得的服務、管理和結果來考量，也不應只一味的追求低成本。

定期追蹤和調整

「計劃趕不上變化」、「天有不測風雲」，換句話說，事情十之八九會發生變化。目標、計畫和情況，可能會隨著時間而改變。經濟情況、稅收結構、投資環境和規則，將發生變化。努力追蹤計劃並根據需要進行學習調整，可以確保你的目的實現。

這包括積極主動地追蹤自己管理的部位，和你的理財顧問幫你管理的部分。借助現在的科技，你也可以容易的時常監控你的投資組合，並及早發現哪些部位表現不如預期，重新確認他們是否有發生非之前預期的環境因素，造成我們需要調整部位。對於你的財務顧問，要求定期，或市場波動大的時候主動與你討論市場狀況，或市場風向改變如需調整投資時提供客觀建議。透過電子郵件或電話定期向你報告，這是基本服務的一部分。

我自己認為偶爾追蹤是不夠的，特別是在與理財顧問合作的第一年。我建議在第一年進行一季或一個月的評估，然後依據你的舒適度再調整頻率。無論哪種方式，都應該定期追蹤你的總體投資部位。事情有時可能會迅速改變，定期加上不定期的意見交流，將幫助有效維持你的投資表現符合期望。

在做合適的投資決策時，這一思考過程對你很重要，讓我們回顧一下：

目的：確定你想達成的目的

時間：確定達到目的的時間範圍

風險：從各個角度評估風險，設定預期

工具：根據這些因素選擇工具

追蹤和調整：建立經常性的追蹤計畫，並根據需要進行調整。

十一.問清楚任何有關於你投資的問題！

在我們開始準備做任何投資決策之前，有一些基本的問題是一定要問別人或問自己的。我看到太多投資人，因為沒有在一開始就問清楚最基本的問題，而要面對往後的麻煩和損失。在你交出你辛苦賺得的現金，買投資商品之前，請花些時間徹底評估購買的金融機構和銷售人員的背景，以及產品細節。

就算你之前沒有問，現在問也不會太晚，提早了解才能有應對的方法。不管你是投資菜鳥或老手，問問題一點都不丟臉，不要害怕。記住，這是你的錢，向你推銷的人員，或向你提供投資建議的人，都有責任讓你搞清楚，你要買的是什麼樣的東西，你是付錢（佣金）請他們提供諮詢服務，所以千萬不要覺得不好意思，不懂就要問清楚。

無論多麼基本，一位優秀的金融從業人員，都應該要歡迎你的提問。他們知道，客戶願意被教育是對他們有利的，而不是一種責任。而且他們陪伴客戶的成長過程，也使得他們與客戶間的關係更深化。他們寧願在你投資之前花時間回答你的問題，也不願在以後面對你的憤怒和困惑。如果你發現在和他們的溝通過程中，對方無法坦誠的回答問題，或是含糊帶過，沒有耐心想方法跟你溝通，那這位銷售人員或提供投資建議的人並不適合你。

另外如果你當下沒辦法消化這個產品的資訊，需要時間回家研究一下，就不用急著當下做決定。搞清楚了才可以做出正確且適合你的投資決策，不要被手續費優惠或時間限制牽著鼻子走。另外還要記得，貨比三家不吃虧。同樣的投資商品，透過不同的管道販賣，哪個管道可以使你付出較少的成本也要列入考量。

以下列有一些範例，以便你在面對相關從業人員銷售投資商品時，或自己評估投資時一定要問的基本問題。最好的方法是請寫下你問到的答案，以及你自己決定是否購買這個投資商品的原因及預期的回報範圍。如果今天投資出現問題，你當初的筆記可以幫助你確定當初溝通的內容細節，畢竟我們自己並不一定記得之前溝通的內容。如果以後有關於交易期間所說的話存在爭議，它們可以派上用場。

做筆記還能向服務你的金融專業人士發出信號：我是一個聰明而認真的投資者，想要更了解投資的風險和回報。他們會知道你是一個認真的投資者，可能會告訴你更多，解釋得更清楚。

有關投資產品的問題
Q: 此投資產品是否在任何國家的監管機構註冊？是否有證明文件，或是我可以於哪裡找到資料？ （台灣為金管會，香港為金管局、證監會，大陸為中國證券監督管理委員會，美國為證券交易委員會 SEC…等等。）
A:
Q: 這個投資未來將會如何賺錢？（股息？利息？價錢變高｛增值／資本利得｝？）
A:
Q: 有什麼必要的條件，才會讓這個投資產品帶來預期的收益？（例如：美國提高基準利率、政治事件的發生…等等。）
A:
Q: 購買、持有期間和出售這筆投資產品時的費用分別是多少？有沒有辦法可以減少或避免我支付的一些費用，例如：直接整筆一定金額以上的購買投資？把所有費用算進去，這筆投資要增值多少才能讓我打平成本？
A:
Q: 這項投資的變現性如何？如果我馬上就需要錢，那麼賣掉到拿到現金需要多長時間？
A:
Q: 我如果決定買這個投資產品，從我買到我可以賣，有沒有閉鎖期？有沒有其他賣出的條件要求？
A:
Q: 此投資的直接具體風險是什麼？（例如：利率改變不如預期、經濟市場衰退…等等。）
A:

Q: 我可能最大的損失是多少？

A:

Q: 此投資產品是否符合我的投資目標？為什麼這項投資適合我？

A:

Q: 公司經營多久了？它的管理經驗豐富嗎？管理層過去的經驗是否成功？他們以前有發行過同樣的產品嗎？那之前的投資人有賺錢嗎？

A:

Q: 這間公司賺錢嗎？與他們的競爭對手相比，表現如何？

A:

Q: 我在哪裡可以找到更多有關這個投資產品的資料？例如：公司向監理機構提交的最新報告、公開說明書（prospectus）或發行條件書，或最新的年度報告和財務報表？

A:

Q: 如果我購買了這個投資產品，你的收入是多少？

A:

對基金類型的投資產品可以提出的問題
Q: 此基金的投資方針為何？
A:
Q: 此基金有哪些具體風險？
A:
Q: 此基金持有哪些類型的證券，比例大概多少？
A:
Q: 是否投資於衍生性商品，比例為何？投資於衍生性商品的目的為何？
A:
Q: 此基金的過去短期、中期、長期的表現如何？相對於基金指標（benchmark index）的表現如何？
A:
Q: 與同類型的基金或同類型的指數比較的話，表現如何？
A:
Q: 購買這基金會向我收取什麼費用，各多少？持有期間收取哪些費用，各多少？如何計算？ 當我賣出基金時，會有什麼費用？
A:
Q: 我可能最大的損失是多少？
A:
Q: 投資此基金預期的回報為多少？最糟的狀況是什麼？
A:

Q: 公司經營多久了？它的管理經驗豐富嗎？管理層過去的經驗是否成功？他們以前有發行過同樣的產品嗎？那之前的投資人有賺錢嗎？
A:
Q: 這間公司賺錢嗎？與他們的競爭對手相比，表現如何？
A:
Q: 我在哪裡可以找到更多有關這個投資產品的資料？例如：公司向監理機構提交的最新報告、公開說明書（prospectus）或發行條件書，或最新的年度報告和財務報表？
A:
Q: 如果我購買了這個投資產品，你的收入是多少？
A:

對於向你銷售投資商品或向你提供投資建議的人問的問題
Q: 你是否有在任何監管機構註冊？你擁有什麼證照資格以幫助你執行業務？
A:
Q: 你過去是否與客戶有糾紛，或曾受到監管機構或其他相關組織的紀律處分？
A:
Q: 貴公司經營多久了？貴公司過去經營期間是否有過監管機構或其他相關組織的警告或紀律處分？是否有客戶提出仲裁或官司？
A:
Q: 你有什麼培訓資歷和經驗？你從事這項業務有多長時間？過去的工作經歷為何？
A:
Q: 你的投資理念是什麼？
A:
Q: 你自己的投資經驗為何？
A:
Q: 你大部份的客戶是什麼樣類型的人？你的客戶中有人願意向我推薦你嗎？
A:
Q: 你如何獲得報酬？佣金？還是管理的資產總值？還是有其他不同的衡量方法？
A:
Q: 你參加了公司內部或外部的銷售競賽嗎？這次你推薦的投資商品是否包含其中？你是否會因我的購買而得到額外的報酬？
A:

關於投資期間評估投資商品進展的問題
Q: 我多久會收到一次對帳單？ 我可以看得懂對帳單的內容嗎？
A:
Q: 我的投資回報是否符合我原先的期望和目標？ 這項投資是否表現得像我當初投資時所認為的那樣？
A:
Q: 如果我今天賣掉我的投資，我會得到多少錢？
A:
Q: 我支付多少佣金或費用？
A:
Q: 我的目標有變化嗎？ 如果有，我的投資是否仍然合適？
A:
Q: 我將使用什麼樣的標準來決定何時出售？
A:

當你的投資出現問題時，該如何處理？

及時行動！根據法律，你只有有限的時間採取法律行動。

請試著以以下步驟來處理問題：

與你當初的銷售人員或提供你投資建議的人員討論。確認問題在哪裡？當初的溝通清楚嗎？請比對你當初留下的筆記。對方當初告訴你什麼？你的筆記上怎麼說？

如果你當初的銷售人員或提供你投資建議的人員無法解決您的問題，請與要求與對方的主管討論。

如果問題仍未解決，請寫信到對方公司總部的法令遵循部門 (Compliance Department) 或法務部門申訴。清楚地解釋你的問題，要求對方在一定的時間內回覆解決方案。如果你仍然不滿意對方的處理，請向監理機構申訴。

後記

張 Ceci 璀璨生活 SPL
財富自由教練計畫 主持人

投資理財是一輩子的事，懂得規劃和努力學習，以及練習實現計畫卻不見得是每個人都做得到的。的確市面上有相當多的專家，針對各種投資方法都有他們的獨到見解，但卻不一定適合你我。在我自己摸索的過程中，有很大一部分是從試驗不同方法，由錯誤中去學習，我自己好奇四處摸索才找到適合自己的方式理財投資。因此，希望以這本書與各位分享如何規劃實踐適合大家有效率得到財富自由的步驟、方法及工具。參加我「璀璨生活 SPL 財富自由教練計劃」的學員們，也是同樣的以這些步驟為大綱，來練習提早達到他們想要的財富自由。我相 信藉此和大家分享可以省下大家自己盲目摸索的時間，可以更快找出適合你的方 式。

It’ s in your moments of decision

that your destiny is shaped.” ~~~ Tony Robins

世界頂尖潛能開發專家，安東尼·羅賓說：

「你的命運在你做決定的那一瞬間就已成型。」

每個人的命運操縱在自己的手中，希望這本書的內容可以啟發你做一些改變你命運的決定。為了感謝你花費寶貴的時間讀完這本書，我願意提供 30 分 鐘的免費諮詢給本書的讀者們，透過這次諮詢可以—

1. 幫助你了解你現在的狀況
2. 幫助你設立你的 SMART 目標
3. 了解過去的盲點，設定成長的目標

請 email 並留下你的聯絡方式與 wealth@splmentorhsip.com 安排。

“The path to success is to take massive, determined action.”

~~ Tony Robbins

「通往成功的道路是採取大量，堅定的行動」

希望這本書有幫助到影響你開始為自己的財富自由而行動！

另外這本書扣除成本後的收入，10% 將捐助長者安養機構，因為或許在他們的年代，理財觀念並不普遍，造成一些長者無法安養天年。我也認為這樣符合我的使命，希望拋磚引玉提醒大家即早為自己的老年安養做準備。另外再捐出 10%，當作儲備獎學金，為往後財務上有困難但想上我的教練課程的人，讓他們有機會也可以更快替自己的財富自由做準備。（詳細獎學金細則往後會公佈於官網上）。

謝謝大家！

璀璨生活財富自由計畫練習頁

也歡迎 email 至 wealth@splmentorship.com 索取範例 excel 檔案練習

1. 璀璨生活財富自由資產負債列表

璀璨生活財富自由資產負債列表

資產	負債
現金	車貸
定存	房貸
股票	
基金	
公寓	
總資產	總負債

現有可投資資產總額 =

2 璀璨生活財富自由退休計畫練習表

第幾年				1	2	3	4	5	6	7
年份			2018	2019	2020	2021	2022	2023	2024	2025
年齡			40	41	42	43	44	45	46	47
工作收入	1,500,000		1,500,000	1,500,000	1,500,000	1,500,000	1,500,000	1,545,000	1,545,000	1,545,000
加薪幅度	%		0%	0%	0%	0%	0%	3%	0%	0%
支出			1,000,000	1,000,000	1,000,000	1,000,000	1,000,000	1,000,000	1,000,000	1,000,000
存款			500,000	500,000	500,000	500,000	500,000	545,000	545,000	545,000
可投資資產	2,000,000		2,000,000	2,500,000	3,180,000	3,905,000	4,691,200	5,542,650	6,509,858	7,553,697
投資而來的被動收入			-	180,000	225,000	286,200	351,450	422,208	498,839	585,887
當年目標投資收益率	9%		0%	9%	9%	9%	9%	9%	9%	9%
其他被動收入										
以房養老										
租金										
其他被動收入總額			-	-	-	-	-	-	-	-
被動收入總額			-	180,000	225,000	286,200	351,450	422,208	498,839	585,887
目標退休支出 (年)	840,000									
被動收入總額										
-目標退休支出										

第幾年	8	9	10	11	12	13	14	15	16
年份	2026	2027	2028	2029	2030	2031	2032	2033	2034
年齡	48	49	50	51	52	53	54	55	56
工作收入	1,545,000	1,545,000	1,545,000	-					
加薪幅度	0%	0%	0%						
支出	1,000,000	1,000,000	1,000,000	-					
存款	545,000	545,000	545,000		-	-	-	-	-
可投資資產	8,684,584	9,909,416	11,236,029	12,672,876	13,347,038	13,267,411	13,223,455	13,176,863	13,127,474
投資而來的被動收入	679,833	781,613	891,847	674,162	760,373	796,045	793,407	790,612	787,648
當年目標投資收益率	9%	9%	9%	6%	6%	6%	6%	6%	6%
其他被動收入									
以房養老									
租金									
其他被動收入總額	-	-							
被動收入總額	679,833	781,613	891,847	674,162	760,373	796,045	793,407	790,612	787,648
目標退休支出 (年)				840,000	840,000	840,000	840,000	840,000	840,000
被動收入總額-目標退休支出				- 165,838	- 79,627	- 43,955	- 46,593	- 49,388	- 52,352

第幾年	17	18	19	20	21	22	23	24	25
年份	2035	2036	2037	2038	2039	2040	2041	2042	2043
年齡	57	58	59	60	61	62	63	64	65
工作收入									
加薪幅度									
支出									
存款	-	-	-	-	-	-	-	-	-
可投資資產	13,075,123	13,019,629	12,960,805	12,898,450	12,832,353	12,762,290	12,688,021	12,609,295	12,525,845
投資而來的被動收入	784,507	781,178	777,648	773,907	769,941	765,737	761,281	756,558	751,551
當年目標投資收益率	6%	6%	6%	6%	6%	6%	6%	6%	6%
其他被動收入									
以房養老									
租金									
其他被動收入總額									
被動收入總額	784,507	781,178	777,648	773,907	769,941	765,737	761,281	756,558	751,551
目標退休支出 (年)	840,001	840,002	840,003	840,004	840,005	840,006	840,007	840,008	840,009
被動收入總額 -目標退休支出	- 55,494	- 58,824	- 62,355	- 66,097	- 70,064	- 74,269	- 78,726	- 83,450	- 88,458

第幾年	26	27	28	29	30	31	32	33	34
年份	2044	2045	2046	2047	2048	2049	2050	2051	2052
年齡	66	67	68	69	70	71	72	73	74
工作收入									
加薪幅度									
支出									
存款	-	-	-	-	-	-	-	-	-
可投資資產	12,437,387	12,343,620	12,244,226	12,138,868	12,027,187	11,547,988	11,054,413	10,546,029	10,022,393
投資而來的被動收入	746,243	740,617	734,654	728,332	360,816	346,440	331,632	316,381	300,672
當年目標投資收益率	6%	6%	6%	6%	3%	3%	3%	3%	3%
其他被動收入									
以房養老									
租金									
其他被動收入總額									
被動收入總額	746,243	740,617	734,654	728,332	360,816	346,440	331,632	316,381	300,672
目標退休支出 (年)	840,010	840,011	840,012	840,013	840,014	840,015	840,016	840,017	840,018
被動收入總額-目標退休支出	- 93,767	- 99,394	- 105,358	- 111,681	- 479,198	- 493,575	- 508,384	- 523,636	- 539,346

第幾年	35	36	37	38	39	40	41	42	43
年份	2053	2054	2055	2056	2057	2058	2059	2060	2061
年齡	75	76	77	78	79	80	81	82	83
工作收入									
加薪幅度									
支出									
存款	-	-	-	-	-	-	-	-	-
可投資資產	9,483,047	8,927,519	8,355,325	7,765,964	7,158,921	6,533,665	5,889,651	5,226,316	4,543,079
投資而來的被動收入	284,491	267,826	250,660	232,979	214,768	196,010	176,690	156,789	136,292
當年目標投資收益率	3%	3%	3%	3%	3%	3%	3%	3%	3%
其他被動收入									
以房養老									
租金									
其他被動收入總額									
被動收入總額	284,491	267,826	250,660	232,979	214,768	196,010	176,690	156,789	136,292
目標退休支出 (年)	840,019	840,020	840,021	840,022	840,023	840,024	840,025	840,026	840,027
被動收入總額-目標退休支出	- 555,528	- 572,194	- 589,361	- 607,043	- 625,255	- 644,014	- 663,335	- 683,237	- 703,735

第幾年	44	45	46	47	48	49	50
年份	2062	2063	2064	2065	2066	2067	2068
年齡	84	85	86	87	88	89	90
工作收入							
加薪幅度							
支出							
存款	-	-	-	-	-	-	-
可投資資產	3,839,345	3,114,497	2,367,903	1,598,910	806,846	- 8,980	- 849,283
投資而來的被動收入	115,180	93,435	71,037	47,967	24,205	- 269	- 25,478
當年目標投資收益率	3%	3%	3%	3%	3%	3%	3%
其他被動收入							
以房養老							
租金							
其他被動收入總額							
被動收入總額	115,180	93,435	71,037	47,967	24,205	- 269	- 25,478
目標退休支出 (年)	840,028	840,029	840,030	840,031	840,032	840,033	840,034
被動收入總額	- 724,848	- 746,594	- 768,993	- 792,064	- 815,827	- 840,302	- 865,512

圖表一

A 先生:

40 歲，想規劃 10 年後提早退休（延續前面評估資產與負債的例子）。
現況：年收入 150 萬，年支出 100 萬與 2018 年可存款 50 萬，及既有的可投資資產 200 萬。

年份		2018	2019	2020	2021	2022	2023	2024	2025	2026	2027	2028
年齡		40	41	42	43	44	45	46	47	48	49	50
工作收入	1,500,000	1,500,000										
預期加薪幅度	%	0%										
支出		1,000,000										
存款		500,000										
可投資資產	2,000,000											

圖表二

B 小姐：

剛入社會的大學畢業生（大約 22 歲），想在 10 年後可以擁有自己的房子。

現況: 2018 年收入 36 萬，年支出 20 萬與 2018 年可存款 16 萬，及既有的可投資資產為 0。

年份		2018	2019	2020	2021	2022	2023	2024	2025	2026	2027	2028	2029	2030
年齡		22	23	24	25	26	27	28	29	30	31	32	33	34
工作收入	360,000	360,000												
加薪幅度	%	0%												
支出		200,000												
存款		**160,000**												
可投資資產	-	-	-	-	-	-	-	-	-	-	-	-	-	-

A 先生：

40 歲，想規劃 10 年後提早退休。

（延續前面評估資產與負債的例子）

現況：

年收入 150 萬，年支出 100 萬與 2018 年可存款 50 萬，及既有的可投資資產 200 萬。

實際目標：10 年後退休

達到每年被動收入 >= 新台幣 84 萬元

（或每個月被動收入 >= 新台幣 7 萬元）

基本假設：

1. **假設從現在開始，未來的薪水成長率為每六年加薪 3%。**
2. **假設生活支出在未來 10 年，可以維持在現在 2018 年的水準。**
3. **由以上假設可以算出 A 先生在接下來的 10 年，每年有多少存款可以再滾入他的可投資資產。**
4. **假設目前除了透過投資外，無其他被動收入來源。**

圖表三

年份		2018	2019	2020	2021	2022	2023
年齡		40	41	42	43	44	45
工作收入	1,500,000	1,500,000	1,500,000	1,500,000	1,500,000	1,500,000	1,545,000
加薪幅度	%	0%	0%	0%	0%	0%	3%
支出		1,000,000	1,000,000	1,000,000	1,000,000	1,000,000	1,000,000
存款		500,000	500,000	500,000	500,000	500,000	545,000
可投資資產	2,000,000	2,000,000					

年份		2024	2025	2026	2027	2028
年齡		46	47	48	49	50
工作收入	1,500,000	1,545,000	1,545,000	1,545,000	1,545,000	1,545,000
加薪幅度	%	0%	0%	0%	0%	3%
支出		1,000,000	1,000,000	1,000,000	1,000,000	1,000,000
存款		545,000	545,000	545,000	545,000	545,000
可投資資產	2,000,000					

B 小姐：剛入社會的大學畢業生（大約 22 歲），想在 10 年後可以擁有自己的房子。

現況：年收入 36 萬，年支出 20 萬與 2018 年可存款 16 萬，及既有的可投資資產為 0。

實際目標：

1.10 年後擁有一個 700 萬的房子，

2. 付出 140 萬頭款和裝潢費用 60 萬元，共自備 0 萬。

3. 並且可以負擔的起未來 30 年付出每月房貸本金加利息的責任。

假設：

1. 目前沒有可投資資產

2. 假設每三年加薪 3 %

3. 假設支出也每三年成長 3 %（因初出社會，薪水較少，支出相對於總薪水的比例相對較高）

4. 假設目前除了透過投資外，無其他被動收入來源。

圖表四

				1	2	3	4	5
年份			**2018**	**2019**	**2020**	**2021**	**2022**	**2023**
年齡			**22**	**23**	**24**	**25**	**26**	**27**
工作收入	360,000		360,000	360,000	370,800	370,800	370,800	381,924
加薪幅度	%		0%	0%	3%	0%	0%	3%
支出			200,000	200,000	206,000	206,000	206,000	212,180
存款			**160,000**	**160,000**	**164,800**	**164,800**	**164,800**	**169,744**

			6	7	8	9	10
年份			**2024**	**2025**	**2026**	**2027**	**2028**
年齡			**28**	**29**	**30**	**31**	**32**
工作收入	360,000		381,924	381,924	393,382	393,382	393,382
加薪幅度	%		0%	0%	3%	0%	0%
支出			212,180	212,180	218,545	218,545	218,545
存款			**169,744**	**169,744**	**174,836**	**174,836**	**174,836**

A 先生：40 歲，想規劃 10 年後提早退休達到每年被動收入 > = 新台幣 84 萬元

1. 黃色欄位為假設的「目標投資收益率」，「目標投資收益率」目前設定為 8%, 可以調整而看出其他欄位的變動。

2. 「因投資而來的被動收入」= 「前一年的可投資資產”乘以 」「當年目標投資收益率」

3. 2019 年的可投資資產 = 2018 年的可投資資產 + 2018 年的存款 + 2018 年的因投資而來的被動收入。

4. 2020 年的可投資資產 = 2019 年的可投資資產 + 2019 年的存款 + 2019 年的因投資而來的被動收入。以此類推。

圖表五

第幾年			1	2	3	4	5
年份		2018	2019	2020	2021	2022	2023
年齡		40	41	42	43	44	45
工作收入	1,500,000	1,500,000	1,500,000	1,500,000	1,500,000	1,500,000	1,545,000
加薪幅度	%	0%	0%	0%	0%	0%	3%
支出		1,000,000	1,000,000	1,000,000	1,000,000	1,000,000	1,000,000
存款		500,000	500,000	500,000	500,000	500,000	545,000
可投資資產	2,000,000	2,000,000	2,500,000	3,160,000	3,860,000	4,612,800	5,421,600
投資而來的被動收入		-	160,000	200,000	252,800	308,800	369,024
當年目標投資收益率	8%	0%	8%	8%	8%	8%	8%
其他被動收入							
以房養老							
租金							
		-	-	-	-	-	-
被動收入總額		-	160,000	200,000	252,800	308,800	369,024
目標退休支出 (年)	840,000						
被動收入總額 -目標退休支出							

第幾年		6	7	8	9	10	11
年份		2024	2025	2026	2027	2028	2029
年齡		46	47	48	49	50	51
工作收入	1,500,000	1,545,000	1,545,000	1,545,000	1,545,000	1,545,000	1,545,000
加薪幅度	%	0%	0%	0%	0%	0%	0%
支出		1,000,000	1,000,000	1,000,000	1,000,000	1,000,000	1,000,000
存款		545,000	545,000	545,000	545,000	545,000	545,000
可投資資產	2,000,000	6,335,624	7,314,352	8,366,202	9,496,350	10,710,646	12,015,354
投資而來的被動收入		433,728	506,850	585,148	669,296	759,708	856,852
當年目標投資收益率	8%	8%	8%	8%	8%	8%	8%
其他被動收入							
以房養老							
租金							
		-	-	-	-		
被動收入總額		433,728	506,850	585,148	669,296	759,708	856,852
目標退休支出 (年)	840,000						
被動收入總額 -目標退休支出							

結論：

1. **目前算出如果目標投資收益率設定為 8% ，A 先生在第 11 年 (2029)，他 51 歲的那年，可以達到每年「被動收入總額」大於他的目標退休支出 (856,852 > 840,000) 。**

2. **如果目標投資收益率設為 9 %，A 先生在第 10 年 (2028)，他 50 歲的那年，可以達到每年「被動收入總額」可以大於他的目標退休支出 (891,847 > 840,000)。**

圖表六

第幾年			1	2	3	4
年份		2018	2019	2020	2021	2022
年齡		40	41	42	43	44
工作收入	1,500,000	1,500,000	1,500,000	1,500,000	1,500,000	1,500,000
加薪幅度	%	0%	0%	0%	0%	0%
支出		1,000,000	1,000,000	1,000,000	1,000,000	1,000,000
存款		500,000	500,000	500,000	500,000	500,000
可投資資產	2,000,000	2,000,000	2,500,000	3,180,000	3,905,000	4,691,200
投資而來的被動收入		-	180,000	225,000	286,200	351,450
當年目標投資收益率	9%	0%	9%	9%	9%	9%
其他被動收入						
以房養老						
租金						
其他被動收入總額		-	-	-	-	-
被動收入總額		-	180,000	225,000	286,200	351,450
目標退休支出 (年)	840,000					
被動收入總額 -目標退休支出						

第幾年	5	6	7	8	9	10
年份	2023	2024	2025	2026	2027	2028
年齡	45	46	47	48	49	50
工作收入	1,545,000	1,545,000	1,545,000	1,545,000	1,545,000	1,545,000
加薪幅度	3%	0%	0%	0%	0%	0%
支出	1,000,000	1,000,000	1,000,000	1,000,000	1,000,000	1,000,000
存款	545,000	545,000	545,000	545,000	545,000	545,000
可投資資產	5,542,650	6,509,858	7,553,697	8,684,584	9,909,416	11,236,029
投資而來的被動收入	422,208	498,839	585,887	679,833	781,613	891,847
當年目標投資收益率	9%	9%	9%	9%	9%	9%
其他被動收入						
以房養老						
租金						
其他被動收入總額	-	-	-	-	-	
被動收入總額	422,208	498,839	585,887	679,833	781,613	891,847
目標退休支出 (年)						
被動收入總額 -目標退休支出						

我們來試試看計畫更遠一點來看看到底夠不夠，來做為一個參考：

以目標投資收益率設為 9 % 為基準，A 先生在第 10 年 (2028)，他 50 歲的那年，達到每年「被動收入總額」可以大於他的目標退休支出

1.A 先生 51 歲到 69 歲 (2029-2047) 既然已經退休，假設這段時期的「目標投資收益率」降低為 6%。

2.70 歲到 90 歲 (2048-2068)，假設這段時期的「目標投資收益率」降低為 3%。

3. 假設 A 先生不打算留現金，只留房子下來給下一代。

4. 從 51 歲到 90 歲 (2029-2068) 這段期間，被動收入總額 < 目標退休支出 (年)，所以支出會慢慢吃掉「可投資資產」，但因 A 先生不打算留現金給下一代，所以試算看看現金可以用到幾歲。

圖表七

第幾年	11	12	13	14	15	16	17	18	19	20
年份	2029	2030	2031	2032	2033	2034	2035	2036	2037	2038
年齡	51	52	53	54	55	56	57	58	59	60
工作收入	-									
加薪幅度										
支出	-									
存款		-	-	-	-	-	-	-	-	-
可投資資產	12,672,876	13,347,038	13,267,411	13,223,455	13,176,863	13,127,474	13,075,123	13,019,629	12,960,805	12,898,450
投資而來的被動收入	674,162	760,373	796,045	793,407	790,612	787,648	784,507	781,178	777,648	773,907
當年目標投資收益率	6%	6%	6%	6%	6%	6%	6%	6%	6%	6%
其他被動收入										
以房養老										
租金										
其他被動收入總額										
被動收入總額	674,162	760,373	796,045	793,407	790,612	787,648	784,507	781,178	777,648	773,907
目標退休支出 (年)	840,000	840,000	840,000	840,000	840,000	840,000	840,001	840,002	840,003	840,004
被動收入總額-目標退休支出	-165,838	-79,627	-43,955	-46,593	-49,388	-52,352	-55,494	-58,824	-62,355	-66,097

第幾年	21	22	23	24	25	26	27	28	29
年份	2039	2040	2041	2042	2043	2044	2045	2046	2047
年齡	61	62	63	64	65	66	67	68	69
工作收入									
加薪幅度									
支出									
存款	-	-	-	-	-	-	-	-	-
可投資資產	12,832,353	12,762,290	12,688,021	12,609,295	12,525,845	12,437,387	12,343,620	12,244,226	12,138,868
投資而來的被動收入	769,941	765,737	761,281	756,558	751,551	746,243	740,617	734,654	728,332
當年目標投資收益率	6%	6%	6%	6%	6%	6%	6%	6%	6%
其他被動收入									
以房養老									
租金									
其他被動收入總額									
被動收入總額	769,941	765,737	761,281	756,558	751,551	746,243	740,617	734,654	728,332
目標退休支出 (年)	840,005	840,006	840,007	840,008	840,009	840,010	840,011	840,012	840,013
被動收入總額 -目標退休支出	- 70,064	- 74,269	- 78,726	- 83,450	- 88,458	- 93,767	- 99,394	- 105,358	- 111,681

第幾年	30	31	32	33	34	35	36	37	38	39	40
年份	2048	2049	2050	2051	2052	2053	2054	2055	2056	2057	2058
年齡	70	71	72	73	74	75	76	77	78	79	80
工作收入											
加薪幅度											
支出											
存款	-	-	-	-	-	-	-	-	-	-	-
可投資資產	12,027,187	11,547,988	11,054,413	10,546,029	10,022,393	9,483,047	8,927,519	8,355,325	7,765,964	7,158,921	6,533,665
投資而來的被動收入	360,816	346,440	331,632	316,381	300,672	284,491	267,826	250,660	232,979	214,768	196,010
當年目標投資收益率	3%	3%	3%	3%	3%	3%	3%	3%	3%	3%	3%
其他被動收入											
以房養老											
租金											
其他被動收入總額											
被動收入總額	360,816	346,440	331,632	316,381	300,672	284,491	267,826	250,660	232,979	214,768	196,010
目標退休支出 (年)	840,014	840,015	840,016	840,017	840,018	840,019	840,020	840,021	840,022	840,023	840,024
被動收入總額 -目標退休支出	- 479,198	- 493,575	- 508,384	- 523,636	- 539,346	- 555,528	- 572,194	- 589,361	- 607,043	- 625,255	- 644,014

第幾年	41	42	43	44	45	46	47	48	49	50
年份	2059	2060	2061	2062	2063	2064	2065	2066	2067	2068
年齡	81	82	83	84	85	86	87	88	89	90
工作收入										
加薪幅度										
支出										
存款	-	-	-	-	-	-	-	-	-	-
可投資資產	5,889,651	5,226,316	4,543,079	3,839,345	3,114,497	2,367,903	1,598,910	806,846	- 8,980	-849,283
投資而來的被動收入	176,690	156,789	136,292	115,180	93,435	71,037	47,967	24,205	- 269	- 25,478
當年目標投資收益率	3%	3%	3%	3%	3%	3%	3%	3%	3%	3%
其他被動收入										
以房養老										
租金										
其他被動收入總額										
被動收入總額	176,690	156,789	136,292	115,180	93,435	71,037	47,967	24,205	- 269	- 25,478
目標退休支出 (年)	840,025	840,026	840,027	840,028	840,029	840,030	840,031	840,032	840,033	840,034
被動收入總額 -目標退休支出	- 663,335	- 683,237	- 703,735	- 724,848	- 746,594	- 768,993	- 792,064	-815,827	-840,302	-865,512

結論：

1. **目前算出如果假設目標投資收益率設為 9 % ，A 先生在第 10 年 (2028)，他 50 歲的那年，可以達到每年「被動收入總額」大於他的目標退休支出。**

2. **如果持續投資並達到假設，所有現金會在 A 先生 88 歲那年用完， 89 歲那年現金就不夠用了。**

   (另外如果加上一個假設 80 歲到 90 歲 (2048-2057)，假設這段時期的”目標投資收益率”降低為 0 %，那所有現金會在 A 先生 87 歲那年用完，88 歲那年現金就不夠用了。 你可以練習試算看看。)

3. **以上假設可以做為一個長期財務的參考，可以依照每年的實際狀況再做調整如果有新的財務目標，再加入不同時期的計畫。**

A 先生 如何評估並調整計劃？

1. 檢查你的目標對你是否切合實際？

A 先生要檢視的是對收入和支出的推想假設是否合理、是否可達成，存款是不是可以照假設般的持續滾入他的可投資資產。審視每一個達成的時間點是否合乎他的需求。如果不符合，回頭去調整假設，或設定的目標投資收益率，。

2. 檢查你的目標收益是否可達？

A 先生要檢視的是這樣假設的目標投資收益率，對於他來說是否合理，(如果今天需要 20 或 30% 的目標投資報酬率才能確保他的退休生活持續到老年，這樣或許是不合理的，但感覺是因人而異的。) 我有個學員，我們計畫做出來的結果，目標投資收益率是 4%，但她一開始覺得非常高，她覺得她不可能達到，我們就先確認計畫假設，過程都沒有問題，就先把計畫擱著，先教她一些理財的正確觀念，到後來討論投資工具和不同投資方法時，她了解後發現其實這是她可以做得到的目標。

3. 檢查你目前的生活方式？

當我們今天訂定的目標比較積極一些，例如發現你需要非常高的目標投資收益率才有可能達成你想要的目標，那其實我們就必須回頭來看，是不是可以有幾個假設可以調整。

a. 你的收入是否有可能增加？(是否可以投資自己讓正職的主動收入提高？或者有其他被動收入的可能？

b. 檢視你的花費狀況，是否可以減少不必要的支出，幫助你早點達成計畫？

c. 重點是增加你的可投資資產，本金越大，在同樣的時間內，需要的目標投資收益率才會變小些。

B 小姐：剛入社會的大學畢業生（大約 22 歲），想在 10 年後可以擁有自己的房子。

現況：年收入 36 萬，年支出 20 萬與 2018 年可存款 16 萬，及既有可投資資產為 0。

實際目標：

1. 10 年後擁有一個 700 萬的房子。
2. 付出 140 萬頭款和裝潢費用 60 萬元，共自備 200 萬。
3. 並且可以負擔的起未來 30 年付出每月房貸本金加利息的責任。

假設：

1. 目前沒有可投資資產。
2. 假設每 3 年加薪 3%。
3. 假設支出每 3 年成長 3% (因初出社會，薪水較少，支出相對於總薪水的比例相對較高)。

結論：

1. 目前算出如果假設目標投資收益率設為 7% ，B 小姐在第 10 年 (2028)，她 32 歲的那年，可以達到「可投資資產」大於她的目標自備款支出 (2,131,988 > 2,100,000)。

2. B 小姐在第 10 年 (2028)，她 32 歲的那年，以當時保守薪水收入的推算 (每月約 32,781 元)，以假設青年成家的優惠房貸條件 (頭兩年寬限期利率 %，所以頭兩年繳利息，到她 34 歲的那年，以當時假設的薪水收入 (每月約 33,765 元) 開始繳本金加利息。

3. 以目前 2018 年政府提供的青年安心成家貸款方案，最高可貸款 800 萬元，最長 30 年期，寬限期可達 3 年，最高可貸 8 成。若採取機動利率，前 2 年利率 1.58%，2 年之後利率 1.88% (以目前利率水準估算，日後會隨郵局 2 年期定儲機動利率調整)。

假設 B 小姐到 2028 年 (10 年間)，因信用良好，可以拿到 8 成貸款（借 560 萬)，寬限期 2 年，若採取機動利率，前 2 年利率 1.8%，2 年之後利率 2%。前兩年月付利息 8400 元負擔不大，但到 2 年寬限期過後每月本利要付 21,780 元，相較當時 (2030 年)B 小姐的月薪水收入 (每月約 33,765 元)，超過月收入的一半，相對負擔沉重。

圖表八

			1	2	3	4	5	6	7	8	9
年份		**2018**	**2019**	**2020**	**2021**	**2022**	**2023**	**2024**	**2025**	**2026**	**2027**
年齡		**22**	**23**	**24**	**25**	**26**	**27**	**28**	**29**	**30**	**31**
工作收入	360,000	360,000	360,000	370,800	370,800	370,800	381,924	381,924	381,924	393,382	393,382
加薪幅度	%	0%	0%	3%	0%	0%	3%	0%	0%	3%	0%
支出		200,000	200,000	206,000	206,000	206,000	212,180	212,180	212,180	218,545	218,545
存款		**160,000**	**160,000**	**164,800**	**164,800**	**164,800**	**169,744**	**169,744**	**169,744**	**174,836**	**174,836**
可投資資產	-	-	**160,000**	**320,000**	**496,000**	**683,200**	**882,720**	**1,100,288**	**1,331,822**	**1,578,587**	**1,846,650**
投資而來的被動收入		-	-	**11,200**	**22,400**	**34,720**	**47,824**	**61,790**	**77,020**	**93,228**	**110,501**
目標收益率	**7%**	**7%**	**7%**	**7%**	**7%**	**7%**	**7%**	**7%**	**7%**	**7%**	**7%**
其他被動收入											
以房養老											
租金											
其他被動收入總額		-	-	-	-	-	-	-	-	-	-
被動收入總額		-	-	**11,200**	**22,400**	**34,720**	**47,824**	**61,790**	**77,020**	**93,228**	**110,501**
目標退休支出 (年)											
被動收入總額 -目標退休支出											

		10	11	12	13	14	15	16	17	18
年份		2028	2029	2030	2031	2032	2033	2034	2035	2036
年齡		32	33	34	35	36	37	38	39	40
工作收入	360,000	393,382	405,183	405,183	405,183	417,339	417,339	417,339	429,859	429,859
加薪幅度	%	0%	3%	0%	0%	3%	0%	0%	3%	0%
支出		218,545	225,102	225,102	225,102	231,855	231,855	231,855	238,810	238,810
存款		174,836	180,081	180,081	180,081	185,484	185,484	185,484	191,048	191,048
可投資資產	-	2,131,988	2,436,090	2,765,410	3,116,018	3,489,678	3,893,283	4,323,044	4,781,058	5,274,720
投資而來的被動收入		129,266	149,239	170,526	193,579	218,121	244,277	272,530	302,613	334,674
目標收益率	7%	7%	7%	7%	7%	7%	7%	7%	7%	7%
其他被動收入										
以房養老										
租金										
其他被動收入總額										
被動收入總額		129,266	149,239	170,526	193,579	218,121	244,277	272,530	302,613	334,674
目標退休支出 (年)										
被動收入總額 -目標退休支出										

B 小姐 如何評估並調整計畫？

1. 檢查你的目標對你是否切合實際？

B 小姐要檢視的是買 700 萬的房子 (或借 560 萬的貸款)，是否對她來說負擔太重，因現在假設的目標投資收益率不是問題，她可以達成 10 年後自備款的目標，達不到的是 12 年後的月付本利不超過薪水的 1/2 的目標。B 小姐可以回頭審視是否對自己薪水成長幅度過於保守，既然可以達到 10 年後 200 萬自備款的目標，是否在這十年間可以撥些金額投資自己的技能，讓自己的薪水可以成長到 12 年後至少要達到每月 43,000 元 (21,780 元的兩倍)。

或是在不調高目標投資收益率的情況下，考慮延後到 2031 年，達到 280 萬自備款，只需要借 490 萬，同樣條件下只借 7 成的貸款，那 2033 年本利須月付 19,058 元，相對 2033 年的目標月薪就設在至少達到 38,116 元，相對較容易達到。

2. 檢查你的目標收益是否可達？

B 小姐要檢視的是這樣假設的目標投資收益率對於她來說是否合理。年輕人又單身，有穩定的工作，其實風險承受度可以高些，但學習及練習投資理財是重點，才可確保可以長期都可以達成目標投資收益率，時間是一個重要的因素，急不得的。

3. 檢查你目前的生活方式？

B 小姐目前的試算所得到的結果，如果目標收益率不是問題，B

小姐真正的挑戰是如何提高自己的月薪，或者可以透過提高自備款來降低貸款總額，來減輕以後付本利時的負擔。那同樣的我們可以回頭來看以下：

a. B 小姐的收入是否有可能增加？（是否可以投資自己讓正職的主動收入提高，或者有其他被動收入的可能？）

b. 檢視花費狀況，是否可以減少不必要的支出，幫助你早點達成計畫？

c. 同樣的重點是增加你的可投資資產，本金越大，在同樣的時間內，需要的目標投資收益率才會變小些。

只要步驟，小資族也能提早實現財務自由

—運用「ASSET」方程式致富的練習課

作者：張 Ceci

出版發行

橙實文化有限公司 CHENG SHI Publishing Co., Ltd

粉絲團 https://www.facebook.com/OrangeStylish/

MAIL: orangestylish@gmail.com

作　　者　張 Ceci
總 編 輯　于筱芬 CAROL YU, Editor-in-Chief
副總編輯　謝穎昇 EASON HSIEH, Deputy Editor-in-Chief
業務經理　陳順龍 SHUNLONG CHEN, Marketing Manager
美術設計　楊雅屏 Yang Yaping
製版／印刷／裝訂　皇甫彩藝印刷股份有限公司

編輯中心

ADD ／桃園市大園區領航北路四段 382-5 號 2 樓
2F., No.382-5, Sec. 4, Linghang N. Rd., Dayuan Dist., Taoyuan City 337, Taiwan (R.O.C.)
TEL ／（886）3-381-1618 FAX ／（886）3-381-1620
MAIL: orangestylish@gmail.com
粉絲團 https://www.facebook.com/OrangeStylish/

全球總經銷

聯合發行股份有限公司
ADD ／新北市新店區寶橋路 235 巷弄 6 弄 6 號 2 樓
TEL ／（886）2-2917-8022　FAX ／（886）2-2915-8614

初版日期 2021 年 1 月

橙
橙實文化有限公司
CHENG -SHI Publishing Co., Ltd
Orange Money

橙
橙實文化有限公司
CHENG -SHI Publishing Co., Ltd
Orange Money